AUDUBON
THE BIRDS OF AMERICA
オーデュボンの鳥

『アメリカの鳥類』セレクション｜ジョン・ジェームズ・オーデュボン

新評論

はじめに

Introduction

空を飛び，海をわたり，地を跳ね，水をくぐる。ディスプレイとダンスで意中の相手の気をひき，巣をまもり仲間に危険を知らせるため多彩にさえずる。驚異の身体能力，みごとな営巣，美しい羽や卵，愛らしい所作や雄大な飛翔。恐竜の唯一の子孫としておよそ6550万年まえのさいごの大量絶滅を生きのび，1万もの多様な種で生態系と物質循環をささえる……鳥類学者たちのいうとおりですね――鳥って，すごい！

ごく身近にいるのになかなか近づけない。でも飛べるから，こちらが距離をたもてば観察させてくれる。ともに暮らせばうちとけてくれる。近年バードウォッチャー人口が増えているのも（国内100万人ともいわれます），インコを筆頭に小鳥が愛でられるのも，しごくうなずけます。

鳥はいつの世も，自由・美・知恵・幸福の，ときに自然への畏怖やはかない生命の象徴として，わたしたちの想像力をかきたててきました。神鳥や鳥人が登場する世界各地の神話から，メーテルランクの『青い鳥』，ヒッチコックの『鳥』，そして本書とかかわりのふかい伊坂幸太郎さんのデビュー作『オーデュボンの祈り』まで，古来鳥を題材ないしシンボルとしたフィクションは枚挙にいとまがありません。

本書の原作もまた，鳥に魅せられ，その姿をうつしとることで永遠の命をあたえようとしたひとりのアメリカ人（出身はカリブ海仏領）の情熱からうまれたものです。かれは19世紀初頭，大国への道をあゆみはじめた拡張期のアメリカで，「北米に生息するすべての野鳥を描いてやろう」と決意し，20年の歳月をかけて全435点の手彩色版画集『アメリカの鳥類』を完成させました。自然のなかで躍動する生命のありのままの姿を精緻に描いて博物画の概念を刷新し，入念な観察にもとづく描写によって鳥類学最高傑作とたたえられる巨編です。欧米ではたいへん有名な作品で，日本でいえば『鳥獣戯画』といったところでしょうか。本書はそのなかから150点を精選収録したものです。巻末にはそれぞれの鳥を実物写真つきで解説しました。ぜひ見くらべて絵の迫真性をおたしかめください。

原作初版では天地約1m×左右約70cmの巨大な紙面（ダブル・エレファント・フォリオとよばれます）に，すべての鳥が実物大で描かれました。しかし本セレクションでは，この希少な作品を日本の愛鳥家，美術愛好家，動物・環境保護に関心のある方々にひろく知っていただくことを目的に，手にとりやすいサイズとしました。また原作は制作順＝発行順に番号がふられていますが，作者の自然への造詣にまなぶ意図のもと，本書では7つのテーマ別に再編成しました。冒頭「消える種」の章では，おおくの種が絶滅の危機にさらされているぬきさしならない現状をおつたえします。

さあ，作者の人並みはずれた視力とするどい観察眼をかりて，北米の大自然のなかへ，愛すべき野鳥たちに会いにゆきましょう！（新評論編集部）

もくじ *Contents*

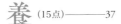

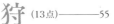

＊ キャプション末尾の〔 〕内は原作番号です。

消える種

PLATE XXVI.
Carolina Parrot
PSITTACUS CAROLINENSIS, Linn.
Males 1. Females 2. Young 3.
Cockle-bur. Xanthium strumarium.

オナモミの枝に集まるカロライナインコ（絶滅）〔26〕

リョコウバトのつがい（絶滅）〔62〕

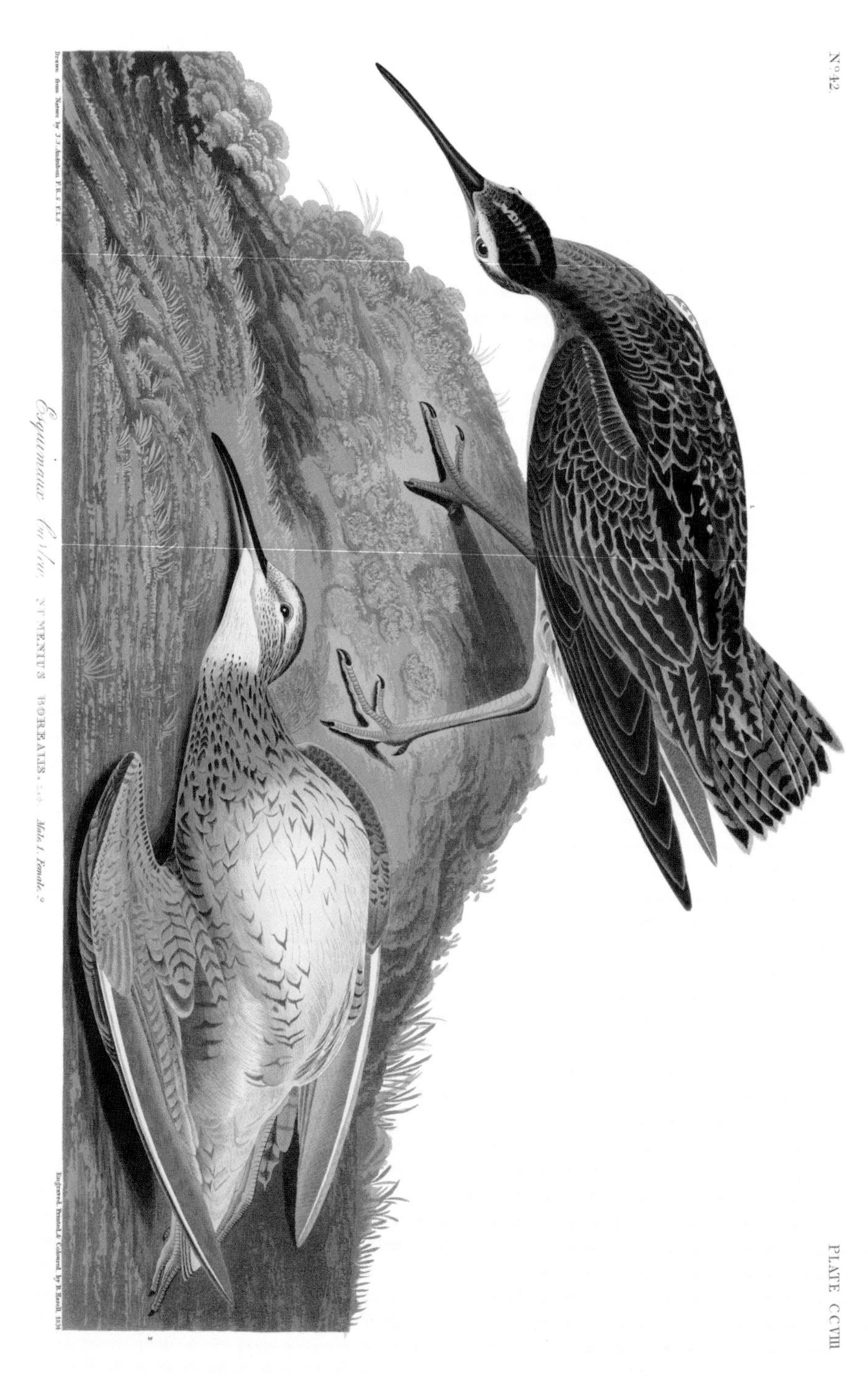

エスキモーコシャクシギのつがい（絶滅）〔208〕

カササギガモのつがい（絶滅）〔332〕

ソウゲンライチョウ，上と右がオス（1 亜種絶滅，その他も危急種）〔186〕

PLATE CLXXXVI
Males 1, 2. Female 3. Lilium Superbum.
Engraved, Printed, & Coloured, by R.Havell 1834.

オオウミガラスのつがい（絶滅）〔341〕

Engraved, Printed and Coloured by R. Havell, 1836

k?
s, L.

ハシジロキツツキ，赤い冠羽がオス（絶滅寸前種）〔66〕

ムナグロアメリカムシクイのつがい（絶滅寸前種）〔185〕

カリフォルニアコンドル，老齢のオス（絶滅寸前種）〔426〕

ハマヒメドリのつがい（1 亜種絶滅，1 亜種絶滅危惧種）〔93〕

トゲオヒメドリ，巣の中がメス（絶滅危惧種）〔149〕

クロヒゲバト，右がオス（絶滅危惧種）〔172〕

アメリカシロヅルのオス（絶滅危惧種）〔226〕

シロフクロウのつがい（危急種）〔121〕

フロリダヤブカケスのつがい（危急種）〔87〕

キバシカササギ（中央の黄色い嘴，危急種）〔362〕

No. 43.
PLATE CCXIII
Puffin. MORMON ARCTICUS. 1.Male 2.Female
Drawn from Nature by J. J. Audubon. F.R.S. F.L.S
Engraved, Printed, & Coloured, by R. Havell 1836

ニシツノメドリのつがい（危急種）〔213〕

ミミカイツブリのつがい（危急種）〔259〕

コシジロウミツバメのつがい（危急種）〔260〕

No70
PLATE CCCXLIX
Least Water-hen, Edwards
RALLUS JAMAICENSIS, Gmel
Drawn from Nature by J.J. Audubon F.R.S. F.L.S.
Engraved Printed and Coloured by R. Havell 1836.

クロコクイナの父子（準絶滅危惧種）〔349〕

オオタカに襲われるコリンウズラ（準絶滅危惧種）〔76〕

Engraved, Printed & Coloured by R. Havell

Young, 2 Female Adult, 3 Young, 4 very young Birds, 5.

アカクロサギの成鳥（右）と幼鳥（準絶滅危惧種）〔256〕

Heron.
FESCENS. Buff
Engraved, Printed, & Coloured, by R. Havell, 1835

N° 36.
PLATE. CLXXVII
White-crowned Pigeon.
COLUMBA LEUCOCEPHALA.
Male 1. Female 2.
Cordia Sebestena.

シロボウシバトのつがい（準絶滅危惧種）〔177〕

営巣するヒガシマキバドリ（準絶滅危惧種）〔136〕

チャックウィルヨタカのつがい（準絶滅危惧種）〔52〕

ガを狙うホイップアーウィルヨタカ（準絶滅危惧種）〔82〕

N°.11.

PLATE LIII.

Drawn from Nature & Published by John J. Audubon F.R.S.E.L.S.
Painted Finch.
FRINGILLA CIRIS, Temm.
1.2. Old Males, 3. M. of 1st Year, 4. 2nd Year, 5. Female.
Chickasaw Plum. Prunus Chicasa.
Engraved, Printed, & Coloured, by R. Havell.

チカソープラムの枝でたわむれるゴシキノジコ（準絶滅危惧種）〔53〕

養

シチメンチョウの母鳥と雛たち〔6〕

D. Linn *Female and Young.*

ガラガラヘビから巣を守るマネシツグミ〔21〕

Ferruginous Thrush.
TURDUS RUFUS, Linn.
Male, 1. Female, 2.

卵を守るチャイロツグミモドキ，援軍到来〔116〕

営巣するボルティモアムクドリモドキ〔12〕

雛に給餌するコマツグミ〔131〕

野バラの枝に巣を張るオオアメリカムシクイ〔137〕

No.23.
PLATE CXIII.
1
2
3
Blue-bird,
SYLVIA SIALIS,
Male 1. Female 2. Young 3.
Great Mullein Verbascum Thapsus.
Drawn from Nature by J. J. Audubon F.R.S. F.L.S.
Engraved, Printed & Coloured by R. Havell, London,

ルリツグミの家族〔113〕

No 17.
PLATE LXXXIII.
House Wren.
TROGLODYTES ÆDON, Vieill.
Male 1. Female 2. Young 3, 4, 5.
Drawn from Nature and Published by John J. Audubon, F.R.S. F.L.S.
Engraved, Printed & Coloured by R. Havell.

シルクハットを巣にするイエミソサザイ〔83〕

巣を守るハシナガヌマミソサザイ〔100〕

Nº 25.
PLATE CXXII.
Blue Grosbeak, FRINGILLA CORULEA, Bonap. Male 1. Female 2. Young 3. Dogwood Cornus florida.

ルリイカルの親子〔122〕

雛に食物を運ぶズアカキツツキ〔27〕

カワウの親子〔266〕

PLATE CCLXVI

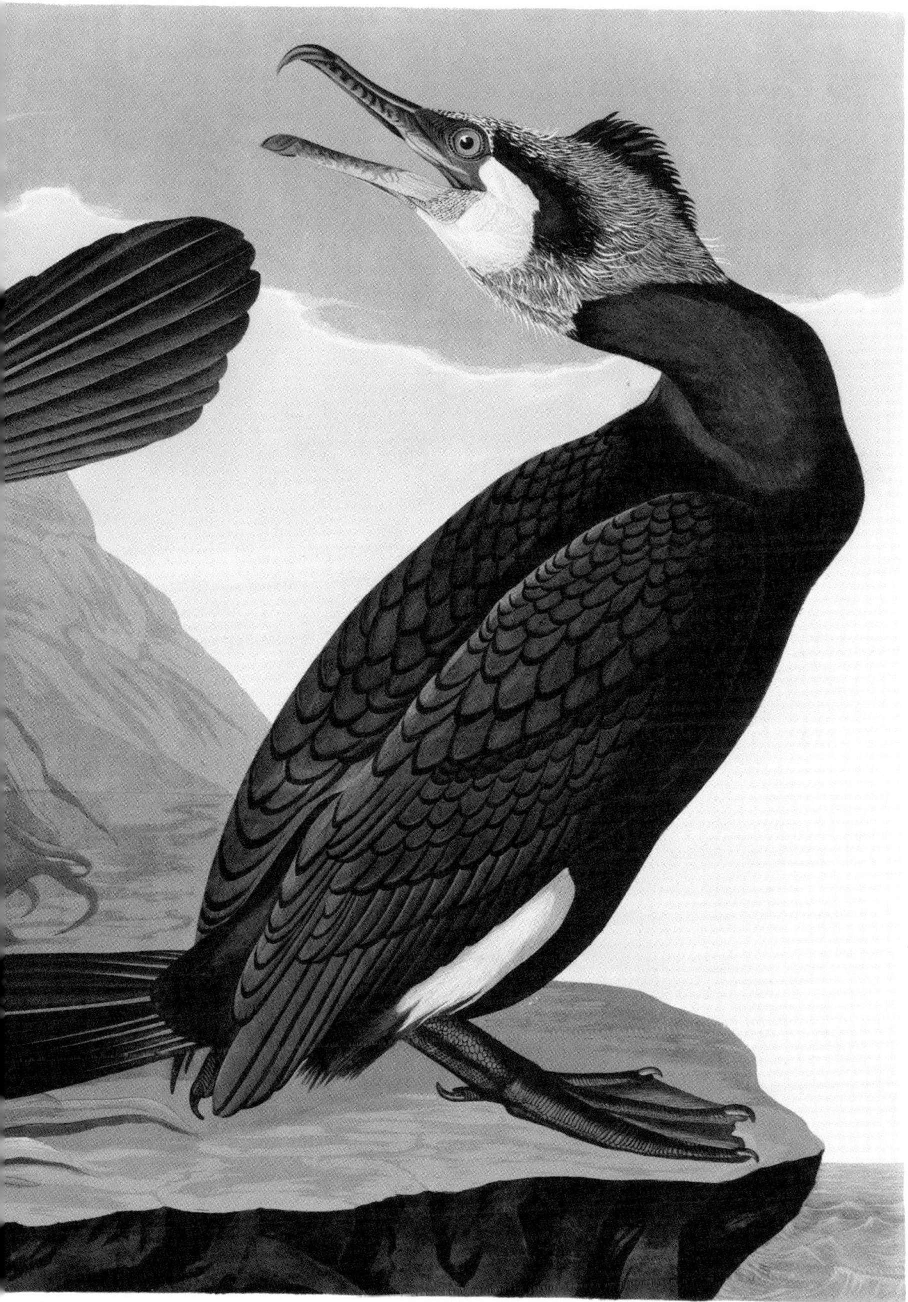

ショウドウツバメの巣，上はスミレミドリツバメのつがい〔385〕

N° 14.
PLATE LXVIII
Republican or Cliff Swallow.
HIRUNDO FULVA
Male.1 Female 2. Egg.3. Nests.4.
Drawn from Nature and Published by John J. Audubon
Engraved, Printed & Coloured by R. Havell.

崖に巣を張るサンショクツバメ〔68〕

エントツアマツバメのつがい，上がオス〔158〕

狩

ナマズをしとめるハクトウワシ〔31〕

PLATE XXXI.
...inn. Male. Yellow Cat-fish.

小鳥を追うクーパーハイタカ〔36〕

ノウサギを捕らえるイヌワシ〔181〕

カンジキウサギをつかまえるアカオノスリ〔51〕

ノウサギを狙うアレチノスリ〔372〕

獲物をしとめるケアシノスリ〔166〕

ニベを捕らえたミサゴ〔81〕

ガーターヘビを捕らえるツバメトビ〔72〕

PLATE LXXII.
iled Hawk,
CATUS, Linn.
Snake.
Engraved Printed & Coloured by R.Havell.

長い後肢でネズミをつかむアシボソハイタカ〔374〕

小鳥をしとめたアメリカチョウゲンボウ〔142〕

N° 4.

カモを捕食するハヤブサ〔16〕

PLATE XVI.

Engraved Printed & Coloured by R Havell

Male, 1 Female, 2. Green-winged Teal and Gadwal.

ハイイロリスを襲うアメリカフクロウ〔46〕

虫を追うアメリカヨタカ〔147〕

著述家オーデュボン

いろんなヘビが，卵と雛めあてに樹上の巣まで這いあがってくる。相手が親鳥夫妻だけなら，ヘビはたいてい食事を完遂する。だが同胞の一大事というので，隣人たちがかけつければ話はべつだ。鋭い嘴の一斉射撃をうけ，命からがら退却せざるをえない。

(p.40 マネシツグミの解説，『鳥類の生態』より)

作者オーデュボンは，すぐれた博物画家・鳥類研究家であるだけでなく，バイロンを愛読しロマン主義に傾倒する文章家でもありました。観察日誌や書簡，エッセー，自然誌の本格著作など膨大な文章をのこしています。とりわけ版画の解説編ともいえる大著『鳥類の生態』(W・マクギリヴレイ監修，全5巻，1831〜39) は，「ひとりの人間の感動というレンズを通して鳥の生命を語った」自然誌の傑作として，ダーウィンやソローをも魅了しました (スコット・R・サンダース)。

自然と生命への驚嘆・感動を原動力に，かれはひたすら描き，書きました。おなじように自然にしたしみ，独学で唯一無二の著述家となったルソーの直系ともいえましょう。

著述家としてのオーデュボンに光をあてた読み物として，上記サンダース編『オーデュボンの自然誌』(西郷容子訳，宝島社，1994年) というすばらしい本があります (残念ながら現在品切のもよう)。精選されたテキストをじっくり味わうことができるだけでなく，かれの文筆活動とその時代背景がていねいに解説されていて，読みごたえじゅうぶんです。巻末にくわしい年譜もついています。

ケンタッキー州ヘンダーソンにあったオーデュボンの家 (© Wellcome Collection)

野

ユキホオジロの親子〔189〕

No26

PLATE CXXX

Yellow-winged Sparrow.
Drawn from Nature by J.J. Audubon, F.R.S.F.L.S.
FRINGILLA PASSERINA. Wils. Male. Phlox subulata.
Engraved, Printed, & Coloured by R. Havell, London.

イナゴヒメドリのオス〔130〕

No. 39.
PLATE. CXCIII.
Lincoln Finch.
FRINGILLA LINCOLNII.
Male. 1. Female. 2.
1. Cornus Suifsica. 2. Rubus Chamærus. 3. Kalmia glauca.
Engraved, Printed, & Coloured, by R. Havell. 1834.

ヒメウタスズメのつがい〔193〕

No 46
PLATE LXXVIII
Great Carolina Wren.
TROGLODYTES LUDOVICIANUS, Bona. 1.M.& 2.Female.
Dwarf Buck-eye. Esculus Pavia
Drawn from Nature and Published by John J.Audubon F.R.S.E.L.S.
Engraved, Printed & Coloured by R.Havell.

チャバラマユミソサザイのつがい〔78〕

アメリカタヒバリのつがい〔10〕

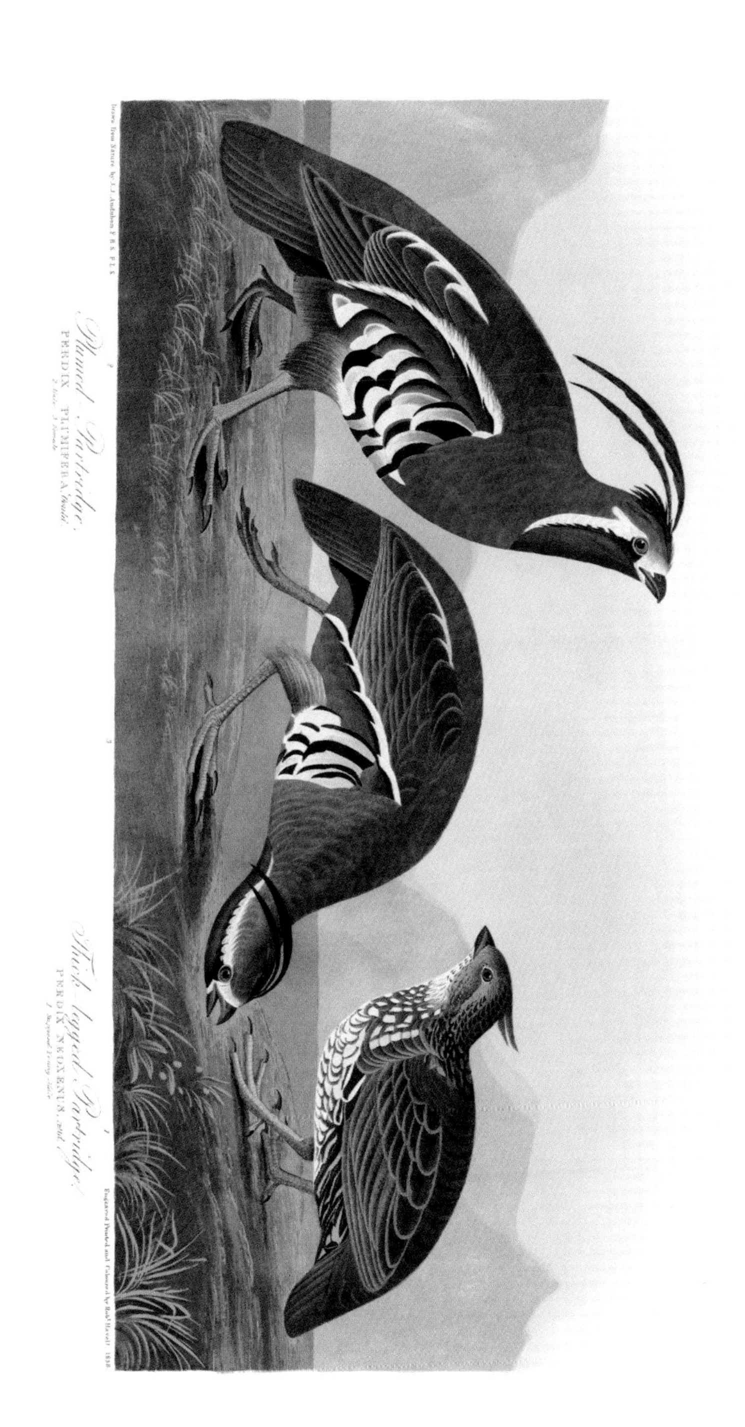

ツノウズラの親子〔423〕

エリマキライチョウ，黒い頸の毛を立てた２羽がオス〔41〕

PLATE XLI.
male,3.
Engraved, Printed & Coloured, by R. Havell.

No 37
PLATE CLXXXII.
Ground Dove. COLUMBA PASSERINA. Linn. Males 1 2 3 Female 4 Young 5 Wild Orange

オレンジの木で休むスズメバト〔182〕

2
空

オオタカ（左・上）とクーパーハイタカ〔141〕

カタアカノスリのつがい〔56〕

暗色型のアカオノスリ〔86〕

ハネビロノスリのつがい〔91〕

コチョウゲンボウのつがい〔92〕

モモアカノスリのメス〔392〕

ハイイロチュウヒ，中央の淡灰色がオス〔356〕

ミシシッピトビのつがい〔117〕

シロハヤブサのつがい〔366〕

冠羽と裸出した顔が特徴的なキタカンムリカラカラ〔161〕

メンフクロウのつがい〔171〕

カラフトフクロウのメス〔351〕

アメリカワシミミズクのつがい〔61〕

羽色が多彩なヒガシアメリカオオコノハズク〔97〕

クロコンドルのつがい〔106〕

PLATE CVI.

RATUS, Male 1 and Female 2. American Deer. Cervus virginianus

ヒメコンドルの父子〔151〕

水

オスのカッショクペリカン〔251〕

ベニイロフラミンゴ，老齢のオス〔431〕

オオアオサギのオス〔211〕

アメリカシロペリカンのオス〔311〕

ゴイサギの親子〔236〕

PLATE CCXXXVI.

No. 49.
PLATE CCXLII.
Drawn from Nature, by J. J. Audubon, F.R.S. F.L.S.
Snowy Heron, or White Egret.
ARDEA CANDIDISSIMA, Gm.
Male adult Spring plumage
Rice Plantation South Carolina
Engraved, Printed, & Coloured, by R. Havell, London, 1835

オスのユキコサギ，背景はサウスカロライナの稲田〔242〕

ミノゴイのオス（下）と幼鳥〔336〕

オオアオサギのオス，遠景はキーウェスト島〔281〕

IDENTALIS , *Male adult spring plumage*

Engraved. Printed & Coloured by R. Havell 1835.

サンショクサギのオス〔217〕

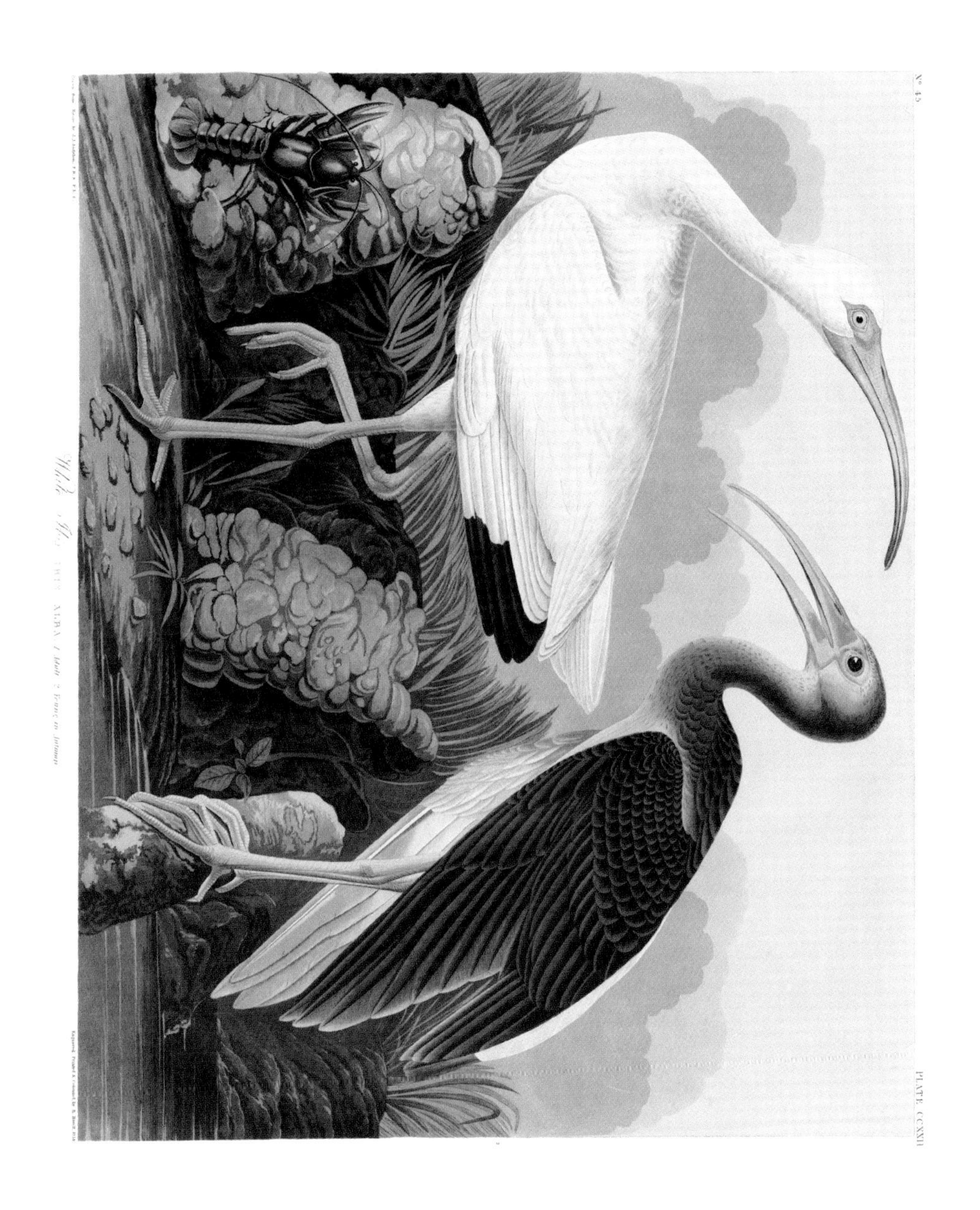

シロトキの親子〔222〕

ショウジョウトキの親子〔397〕

ウィルソンチドリのつがい〔209〕

ベニヘラサギのオス〔321〕

Engraved, Printed and Coloured by R. Havell 1836

カツオドリ，和名は大型魚の群れの位置を知らせることから〔207〕

No. 52
PLATE CCLVII
Double-crested Cormorant
PHALACROCORAX DILOPHUS, Swain & Richards
Male adult spring plumage

ミミヒメウ，繁殖期のオス〔257〕

アメリカヘビウのつがい〔316〕

アメリカグンカンドリのオス〔271〕

N° 47

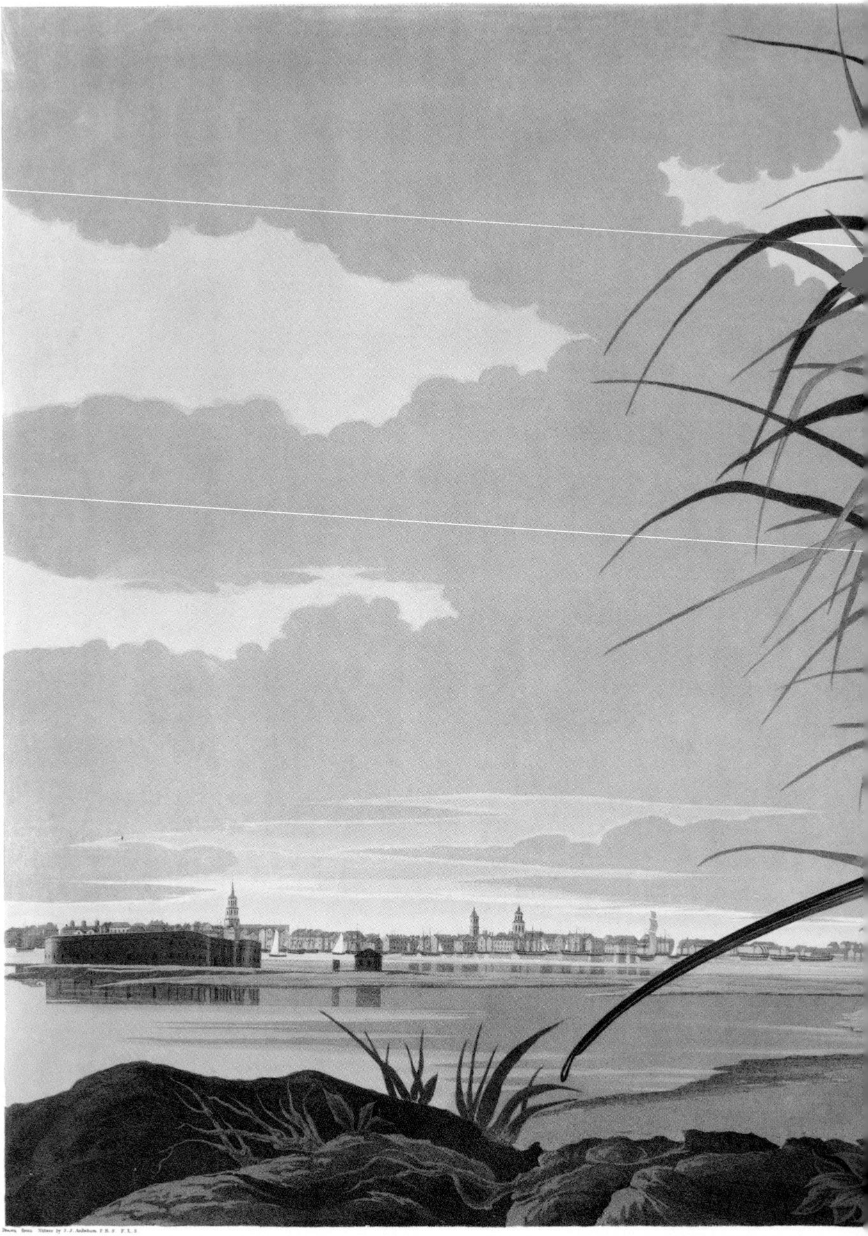

Long-billed Curlew, NUMENI

アメリカダイシャクシギのつがい〔231〕

PLATE CCXXXI
Engraved, Printed, & Coloured by R. Havell 1834
OSTRIS. 1 Male. 2 Female. City of Charleston

No. 50.
PLATE. CCL.
Drawn from Nature by J. J. Audubon. F.R.S. F.L.S.
Engraved, Printed, & Coloured, by R. Havell. London. 1835.
Arctic Tern.
STERNA ARCTICA.

キョクアジサシ，渡りの距離は鳥類最長〔250〕

傷を負ったオオカモメ〔241〕

川辺のハンター，アメリカヤマセミ〔77〕

No. 87

PLATE CCCCXXXV.

Drawn from Nature by J. J. Audubon, F.R.S. F.L.S.
Engraved, Printed and Coloured by Robt Havell 1838.
Columbian Water Ouzel.
CINCLUS TOWNSENDI, Aud.
1. Female
Arctic Water Ouzel.
CINCLUS MORTONI, Townsend
2. Male

アメリカトキコウ，個体数減の懸念〔216〕

カナダガンのつがい〔201〕

海の略奪者，トウゾクカモメ〔253〕

オウギアイサのつがい〔232〕

Nº 45.

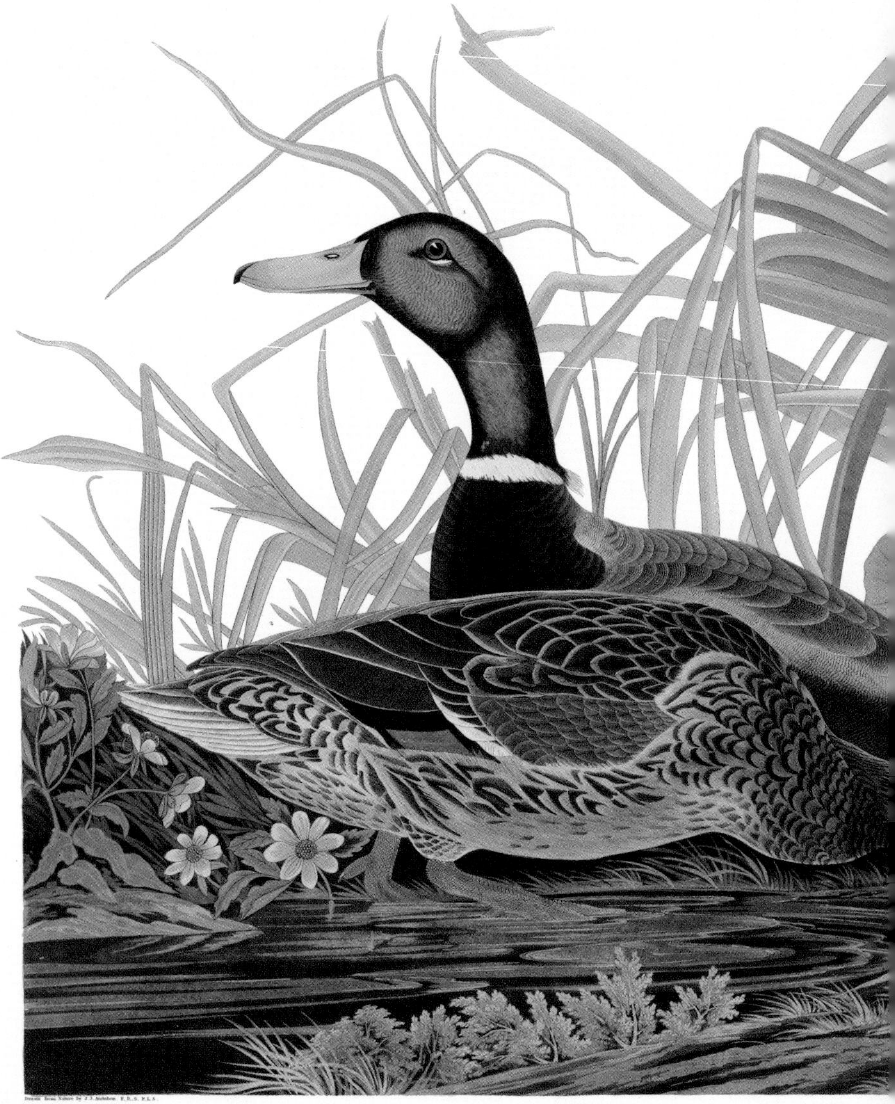

Mallard Du

マガモの2組のつがい〔221〕

Engraved, Printed, & Coloured, by R. Havell. 1834

SCHAS. 1 Males 2 Females

北米最大の鳥，ナキハクチョウ〔406〕

Swan.

N° 81

ウミアイサのつがい〔401〕

Merganser.
TOR, Z.

アメリカオシの２組のつがい〔206〕

森

Nº 21.
PLATE CII.
Blue Jay,
CORVUS CRISTATUS,
Male. 1. Female. 2. 3.
Drawn from nature by J.J. Audubon F.R.S. F.L.S.
Engraved, printed & Coloured, by R. Havell.

別の鳥の卵を食べるアオカケス〔102〕

カナダカケスのつがい〔107〕

コリーカンムリサンジャクのつがい〔96〕

オスのワタリガラス〔101〕

アメリカガラスのオス〔156〕

ウオガラスのつがい〔146〕

ハシグロカササギのつがい〔357〕

No 2.
PLATE. VIII
White throated Sparrow,
Drawn from Nature by John J. Audubon F.R.S.E.L.S.
FRINGILLA PENNSYLVANICA. Lath.
Male 1. Female 2.
Dog-wood. Cornus florida.
Engraved by W.H. Lizars Edin.r

ノドジロシトドのつがい〔8〕

Nº 3. PLATE XIII.

Snow Bird.

FRINGILLA HYEMALIS. Linn,

Male. 1. Female. 2.

Drawn from nature by J.J.Audubon, F.R.S. F.L.S. *Large Tupelo. Nyssa tomentosa.* Engraved, Printed, & Coloured, by R. Havell

ユキヒメドリのつがい〔13〕

No.23. PLATE CXIV.

White-crowned Sparrow.
FRINGILLA LEUCOPHRYS,
Male 1. Female 2.
Summer Grape Vitis Æstivalis.

ミヤマシトドのつがい〔114〕

No 1 PLATE. IV.

Purple Finch

FRINGILLA PURPUREA, Gmel,

Male. 1. 2. Female. 3.

Drawn from nature by J. J. Audubon F. R. S. F. L. S. *Red Larch – Larix americana.* Engraved, Printed & Coloured, by R. Havell Jun.r

カラマツの枝にとまるムラサキマシコ〔4〕

ギンザンマシコ，北海道でも少数が繁殖〔358〕

No. 73. PLATE CCCLXIV.

White-winged Crossbill.
LOXIA LEUCOPTERA Gm.
Male adult. 1. 2. Female adult. 3. Young F. 4.
New Foundland alder.

Drawn from Nature by J. J. Audubon, F.R.S. F.L.S.

Engraved, Printed, & Coloured, by R. Havell. 1837

ハンノキの実を食べるナキイスカ〔364〕

No.85
PLATE CCCCXXIV.
Drawn from Nature by J. J. Audubon F.R.S. F.L.S.
Engraved, Printed and Coloured by Robt. Havell. 1838.
Lazuli Finch.
FRINGILLA AMŒNA, Say
1. Female.
Crimson-necked Bull-finch.
PYRRHULA FRONTALIS, Bonap.
2. Male
Grey-crowned Linnet.
LINARIA TEPHROCOTIS, Swains
3. Male
Cow-pen Bird.
ICTERUS PECORIS, Bonap
4. Young Male.
Evening Grosbeak.
FRINGILLA VESPERTINA, Cooper.
5. Female. 6. Young Male.
Brown Longspur.
PLECTROPHANES TOWNSENDI, Aud.
7. Female.

ムネアカルリノジコほか，スズメ目の小鳥たち〔424〕

No 73.
PLATE CCCLXIII.
Bohemian Chatterer.
BOMBYCILLA GARRULA,
Male 1. Female 2.
Pyrus Americana Canadian Service Tree.
Engraved, Printed and Coloured by R. Havell 1837

キレンジャクのつがい〔363〕

No 9. PLATE XLIII.

Cedar Bird.

BOMBYCILLA CAROLINENSIS. Briss.

Male, 1. Female, 2.

Red Cedar Juniperus virginiana.

Drawn from Nature and Published by John J. Audubon, F.R.S. F.L.S.

Engraved, Printed, & Coloured, by R. Havell.

ヒメレンジャクのつがい〔43〕

Nº 1.
PLATE. III
Prothonotary Warbler.
SYLVIA PROTONOTARIUS, Lath.
Male. 1. Female. 2.
Cane Vine.
Drawn from nature by J.J.Audubon F.R.S. F.L.S.
Engraved, Printed & Coloured, by R. Havell Jun.

オウゴンアメリカムシクイのつがい〔3〕

No. 8.
PLATE XL.
American Redstart.
MUSCICAPA RUTICILLA. Linn.
Male, 1. Female, 2.
Virginian Hornbeam Ostrya virginica.
Engraved, Printed, & Coloured by R. Havell

ハチの幼虫を狙うハゴロモムシクイのつがい〔40〕

No. 13. PLATE, LXV.

Rathbone Warbler.
Drawn from Nature and Published by John J. Audubon, F.R.S.E.L.S.
SYLVIA RATHBONIA.
Male 1. Female 2.
Ramping Trumpet-flower Bignonia capreolata.
Engraved, Printed & Coloured, by R. Havell.

キイロアメリカムシクイのつがい〔65〕

オリーヴの枝にとまるズグロアメリカムシクイ〔133〕

ガマズミの枝にとまるノドグロルリアメリカムシクイ〔148〕

サメズアカアメリカムシクイのつがい〔178〕

No. 40.
PLATE. CXCVIII.
Brown headed Worm eating Warbler.
SYLVIA SWAINSONII.
Azalia Calendula — Orange coloured Azalia
Drawn from Nature by J.J. Audubon, F.R.S. F.L.S.
Engraved, Printed & Coloured, by R. Havell

フロリダツツジの枝にとまるチャカブリアメリカムシクイ〔198〕

イチイの実に集まるムネアカイカル〔127〕

No. 32. PLATE CLIX

Cardinal Grosbeak.

FRINGILLA CARDINALIS, Bonap.

Male 1. Female 2.

Wild Almond.

Drawn from Nature by J.J. Audubon, F.R.S. F.L.S.

Engraved, Printed & Coloured, by R. Havell, London 1833.

ショウジョウコウカンチョウのつがい〔159〕

No 71.
PLATE CCCLIV
Louisiana Tanager.
TANAGRA LUDOVICIANA, Wils.
1 & 2 Males Spring Plumage.
Scarlet Tanager.
TANAGRA RUBRA, L.
3 Old Male Spring Plumage. 4 Old Female D° D°.

ニシフウキンチョウ（上２羽）とアカフウキンチョウ〔354〕

ヒガシモリタイランチョウのオス〔115〕

ムナジロゴジュウカラ，左上と右下がオス〔152〕

No.34.
PLATE. CLXVIII.
Drawn from Nature by J. J. Audubon, F.R.S. F.L.S.
Forked-tailed Flycatcher, MUSCICAPA SAVANA. Male. Gordonia Lasianthus.

ズグロエンビタイランチョウのオス〔168〕

チャイロツキヒメハエトリほか，タイランチョウ科の鳥たち〔359〕

No. 13.
PLATE, LXIII.
White-eyed Flycatcher or Vireo,
Drawn from Nature & Published by John J. Audubon, F.R.S.F.L.S.
VIREO NOVEBORACENSIS, Ch. Bonap.
Male,
Pride of China or Bead-tree Melia Azedarach.
Engraved, Printed & Coloured by R. Havell.

メジロモズモドキのオス〔63〕

クモを狙うアカメモズモドキのオス〔150〕

No. II.
PLATE VII.
Drawn from Nature by J.J. Audubon, F.R.S. F.L.S.
Purple Grakle or Common Crow-Blackbird
QUISCALUS VERSICOLOR Vieill Male 1. Female 2. Maize or Indian Corn. Zea Mays.
Engraved by W.H. Lizars Edin.
Retouched by R. Havell Jun. London

オオクロムクドリモドキのつがい〔7〕

フナオクロムクドリモドキのつがい〔187〕

Nº 10
PLATE XLVII
Ruby-throated Humming Bird.
TROCHILUS COLUBRIS. Linn.
Male 1. Female 2. Young 3.
Trumpet-flower. Bignonia Radicans.

花の蜜を吸うノドアカハチドリ〔47〕

No 85.
PLATE CCCCXXV.
Columbian Humming Bird.
TROCHILUS ANNA, Lesson
1. 2. 3. 4. Male, 5. Female and Nest.
Plant. Hibiscus Virginicus.

アンナハチドリ，紅色の頭がオス〔425〕

ハシグロカッコウのつがい〔32〕

...le, 1 Female, 2 Great magnolia. Magnolia grandiflora.

エボシクマゲラの一家〔111〕

セジロコゲラのつがい〔112〕

セグロミユビゲラ，頭頂の黄色いのがオス〔132〕

セジロアカゲラほか，キツツキ科の鳥たち〔416〕

各　鳥　解　説

＊ 作品の掲載順に配列し，冒頭にページ数を記した（原作番号は各作品のキャプション末尾〔　〕を参照）。
＊ 解説の前半は原画の但し書き，▶のあとは編集部による補足解説。
＊ 英語名と学名は原画の表記を採用したが，現在使用されているものとは多くが異なる。ここに記した英語名を全米オーデュボン協会のウェブサイト（audubon.org/birds-of-america）で検索すると，現在の英語名・学名や，北米における分布域，食性，繁殖行動，保護対策などの詳細がわかるほか，各鳥の鳴き声を聞くこともできる。
＊「絶滅危惧種」など国際自然保護連合（IUCN）レッドリストのランクは 2020 年 1 月時点。
＊ 実物写真は p.27 をのぞきすべてクリエイティブ・コモンズ（CC BY もしくは CC BY-SA），末尾は撮影者名（©の無いものはパブリックドメイン）。一部トリミングや補整をおこなった。
＊ 作品に複数の鳥が描かれている場合，実物写真を掲げた鳥の名のうしろに㊢のマークをつけた。

【参考資料】吉井正監修／三省堂編修所編『三省堂世界鳥名事典』，全米オーデュボン協会ウェブサイト , Avibase 他

6　Carolina Parrot, *Psittacus carolinensis*. オナモミの枝に集まるカロライナインコ。右上2羽と一番下がメス，緑色が幼鳥　▶オウム目インコ科。全長約30cm。オウム目唯一のアメリカ在来種としてかつて東・西部に分布。食用に，害鳥として，時に単なる気晴らしで大量に殺され，19世紀終盤には数が激減。1918年，最後の1羽オスの「インカス」がオハイオ州シンシナティ動物園で死に絶滅（同ケージ内に最後のリョコウバトも→p.7）。ⓒJames St.John（シカゴ・フィールド自然史博物館蔵の剝製）

7　Passenger Pigeon, *Columba migratoria*. リョコウバトのつがい，上がメス　▶ハト目ハト科。全長約40cm。カナダ中南部〜アメリカ南部に数多く分布し，大群で飛行する姿が見られたが，ヨーロッパ人入植者が食用・遊びで狩りまくったため19世紀末には激減。1914年，オハイオ州シンシナティ動物園で最後のメス「マーサ」が死亡し，絶滅。伊坂幸太郎のデビュー作『オーデュボンの祈り』では，この鳥とこの絵が重大な役割をになう。ⓒCephas（カナダ・ラヴァル大学図書館蔵の剝製）

8　Esquimaux Curlew, *Numenius borealis*. エスキモーコシャクシギのつがい，奥がオス　▶チドリ目シギ科。全長約30〜34cm。上面は茶褐色に白斑，下面は淡褐色，後肢は灰色，嘴はやや下向きに湾曲。アラスカ〜カナダ西部で繁殖し南米で越冬。19世紀末に大量に狩られほぼ絶滅。秋の渡りの最中に撃つと蓄えた脂肪が白く弾けることから「生パン鳥」と呼ばれた。作者も「ある入植者は季節ごと多数を撃ち，冬用に塩漬け保存する」と記述。（写真はハーバード大学比較動物学博物館蔵の剝製）

9　Pied Duck, *Fuligula labradora*. カササギガモのつがい，右がオス　▶カモ目カモ科。全長約50cm。北米固有種で，カナダ東部〜アメリカ北東部の沿岸で見られたが，1878年ニューヨーク州での目撃を最後に絶滅。ヨーロッパ人の入植開始時すでに希少で，分布域や食性はよくわかっていない。柔らかい嘴から主食は貝類だったと推測される。絶滅原因は未確定だが，羽毛・卵の乱獲，東海岸の開発によるエサの減少などが挙げられている。ⓒRyan Somma（ニューヨーク・アメリカ自然史博物館の模型）

10-11　Pinnated Grous, *Tetrao cupido*. ソウゲンライチョウ，トルコ帽ユリの咲く草原で。上と右がオス　▶キジ目ライチョウ科。全長41〜47cm，全身淡褐色に黒の横斑，短い冠羽。春になるとオスは一箇所に集まり，山吹色をした目の上の羽毛と頸の気嚢を膨らませて唸り声を上げ，集まってきたメスと次々に交尾する。主に種子や葉，昆虫を食す。北米中部草原地帯に広く分布したが，アメリカ北東部の亜種が1932年に絶滅。テキサス州沿岸の亜種と中西部の亜種も危急種。ⓒGreg Schechter

12-13　Great Auk, *Alca impennis*. オオウミガラスのつがい　▶チドリ目ウミスズメ科。全長75〜85cm。翼は退化し飛べないが泳ぎに長け，群れで魚を捕食。繁殖期に目の先に白い斑が出る。北大西洋沿岸に多数生息したが，食用・羽毛・標本目的の乱獲で18世紀末には激減。1844年アイスランド沖で最後の2羽が殺され絶滅。現在の属名Pinguinusが，のちによく似た鳥ペンギンの総称となった。ジョイス『ユリシーズ』にも登場。ⓒMike Pennington（スコットランド，ケルビングローブ博物館の模型）

14　Ivory-billed Woodpecker, *Picus principalis*. ハシジロキツツキ。冠羽の赤いのがオス，白いのがメス　▶キツツキ目キツツキ科。全長48〜53cm。嘴が象牙色。冠羽の色が雌雄で異なる。キューバとアメリカ南東部の森林に分布する2亜種とも乱開発により数が激減。メキシコの近縁種テイオウキツツキも同様。主食は甲虫の幼虫や果実。作者はその美しい造形と色彩を愛で，バロック画家ヴァン・ダイクの作品になぞらえた。絶滅寸前種，国際保護鳥。©Arthur A. Allen（手彩色Jerry A. Payne）

15　Bachman's Warbler, *Sylvia bachmanii*. 椿の枝にとまるムナグロアメリカムシクイのつがい。上がオス　▶スズメ目アメリカムシクイ科。全長約11cm。背は深緑色，顔と下面は黄色，頭と喉に黒斑。メスはやや鈍い羽色。アメリカ東部〜南東部沿岸と南部内陸で繁殖しキューバなどで越冬。1930年代から減り続け，保全の甲斐なく20世紀終盤以降目撃情報なし。種小名は発見者であり作者の協力者でもあった牧師・博物学者J. バックマンに由来。絶滅寸前種。©Jerry A. Payne

16　Californian Vulture, *Cathartes californianus*. カリフォルニアコンドル，老齢のオス　▶タカ目コンドル科。全長110〜140cm，翼幅2.5〜3m，北米ではナキハクチョウ（p.134-135）に次ぐ大きさ。アメリカ西部に広く分布したが，密猟や生息環境の破壊により1980年代には約20羽まで減少，全野生種が保護された。飼育・繁殖が成功し500羽近くまで回復し，カリフォルニアやアリゾナで一部野生復帰するもいまだ絶滅寸前種。主食は大型哺乳類の死肉。寿命最長60年。©Stacy Spensley

17　Sea-side Finch, *Fringilla maritima*. バラの茎にとまるハマヒメドリのつがい　▶スズメ目ホオジロ科。全長約14cm。頭は深緑色，目先に黄色の斑。灰褐色の背に焦茶の縦斑，短い尾の先は尖る。アメリカ北東部〜南部沿岸の湿地に棲み，昆虫や甲殻類，秋冬は種子を食す。9亜種あり，生息環境の破壊で全体に減少気味。フロリダ半島東岸の羽毛の黒い亜種は1980年代末に絶滅，同最南端の亜種は絶滅危惧種，同北西部の亜種も脆弱。写真はアメリカ北東部の亜種。©Dominic Sherony

18　Sharp-tailed Finch, *Fringilla caudacuta*. トゲオヒメドリ。巣の中がメス，上2羽はオス　▶スズメ目ホオジロ科。全長11〜14cm。短い尾羽の先が鋭く尖る。現在の英名Saltmarsh sparrowの通り，アメリカ大西洋岸沿いの湿地や沼沢地にのみ分布。冬はフロリダ周辺まで南下。主食は昆虫と種子。つがいを形成せず，オスは多くのメスを惹きつけるため広範囲に動き回って歌う（多くの種ではオスが歌うのは縄張り防衛のため）。生息環境の破壊で数が減少。絶滅危惧種。©Dominic Sherony

19　Blue-headed Pigeon, *Columba cyanocephala*. クロヒゲバト。右がオス，左2羽はメス　▶ハト目ハト科。全長約30cm。体は褐色で頭頂が青灰色，頬から胸が黒く，目の下と胸に白線が走る。キューバに分布。低地の湿った森林に生息し，果実などを食べる。かつてはキューバ全域で見られたが，狩猟や生息環境の破壊により1000〜2000ほどに減少。作者によれば，1830年代当時は春になると少数がフロリダ南端に飛来してきたという。絶滅危惧種。©Charles J. Sharp

20　Hooping Crane, *Grus americana*. トカゲを追うアメリカシロヅルのオス　▶ツル目ツル科。全長130〜160cm，翼幅200〜230cm。黒い小翼羽・初列風切・初列雨覆と後肢のほかは白く，頭頂は赤く裸出。雌雄同色。かつてはカナダとアメリカ中部で繁殖したが，乱獲と開発で20世紀中盤には数えるほどに減り，カナダ北部とアメリカのテキサス，フロリダ，ウィスコンシン各州などで繁殖・保全活動が続けられている。雑食性。英名はしわがれた鳴き声から。絶滅危惧種。

21　Snowy Owl, *Strix nyctea*. シロフクロウのつがい，上がオス　▶フクロウ目フクロウ科。全長52.5〜70cm，メスの方が大きい。真っ白な体の顔と喉以外に黒斑あり，オスの方が斑が少ない。羽角はなく顔が丸く，虹彩は黄色。北極圏周辺に分布し，寒さに適応して嘴と爪も長い毛で厚く覆われている。冬は多くがユーラシア大陸や北米まで南下。日本の北海道にもまれに渡ってくる。レミングやライチョウを捕食。一夫二妻の例が観察される。危急種。ⓒPeter K. Burian

22　Florida Jay, *Corvus floridanus*. 柿の木にとまるフロリダヤブカケスのつがい。上がメス　▶スズメ目カラス科。全長約29cm。英名の通りフロリダ半島の砂質土地域で繁殖。低木の茂みに棲み，主食は樫の実。先に生まれた5〜6羽が両親の営巣・育雛を手助けするという珍しい習性をもち，協同繁殖社会の長期研究対象となってきた。従来カリフォルニアヤブカケス（p.23）などと同種と考えられてきたが，その後の研究で別種に分類。生息地の縮減で近年減少が著しい。危急種。ⓒMwanner

23　Yellow-billed Magpie, Stellers Jay, Ultramarine Jay, Clark's Crow　プラタナスの実に集まるカラス科の鳥　▶［上から；全長，分布域，特徴］カリフォルニアヤブカケス：27〜30cm，米西部太平洋岸，フロリダヤブカケス（p.22）と酷似。ステラーカケス：30cm，北米太平洋岸・中部内陸と中米，他の鳥の声をまねる。キバシカササギ㊢：45〜60cm，カリフォルニア中部，危急種。ハイイロホシガラス（下2羽）：27〜30cm，北米西部，舌下に100個の種子が収まる袋あり。ⓒBill Bouton

24　Puffin, *Mormon arcticus*. ニシツノメドリのつがい，右がオス　▶チドリ目ウミスズメ科。全長28〜30cm，オスがやや大。雌雄同色。絵は繁殖期で，目の上の青灰色の三角形（和名「角目」の由来）と鮮やかな金赤色の嘴が特徴。繁殖期を過ぎると大きな嘴は脱皮で縮み，色は褪せ，目の上の角は消える。北米北東部など北大西洋の冷たい海で繁殖し，冬に南下。主食は魚。古くは食用の乱獲，近年は気候変動や海洋汚染により数が減少，2015年危急種に指定。ⓒSteve Deger

25　Horned Grebe, *Podiceps cornutus*. ミミカイツブリ。左が夏羽のオス，右が冬羽のメス　▶カイツブリ目カイツブリ科。全長31〜38cm。冬羽は下面，頬，次列風切が白く他は墨色。夏羽は上面が墨色，頸と横腹が茶色，目の上から耳のように伸びた冠羽は金色。虹彩は赤。ユーラシア中部と北米北西部の湖沼で繁殖し，冬はやや南下して沿岸に棲む。日本にも少数が冬に渡来。潜水して昆虫や甲殻類，魚を捕食。20世紀末以来，生息環境の悪化で個体数が減少中。危急種。

26　Fork-tail Petrel, *Thalassidroma leachii*. コシジロウミツバメのつがい，右がオス　▶ミズナギドリ目ウミツバメ科。全長18〜22cm。全体に暗褐色で尾羽はV字型，上尾筒が白い（北米西海岸の亜種のみ黒い）。風力差を利用して巧みに飛ぶ。太平洋・大西洋の北方の孤島（北海道大黒島など）で繁殖し，秋に熱帯まで南下。カナダ東部バカリウ島の営巣地が有名。主食は甲殻類。種小名はイギリスの動物学者W. E. リーチにちなみ，現在の英名もLeach's Storm-Petrel。危急種。©Richard Crossley

27　Least Water-hen, *Rallus jamaicensis*. クロコクイナの父子　▶ツル目クイナ科。全長12〜14cm。全体に灰褐色で，濃茶色の上面に小さな白斑。虹彩は赤，後肢は黄緑色。アメリカ中西部，南東部，南部沿岸，西部沿岸と南米太平洋岸に分布。草深い湿地を歩き回り種子や昆虫を採餌。捕食者の目につかないよう隠れ棲んでおり，食性や繁殖行動については謎が多い。速いピッチでキュキュキュと鳴く。生息地の環境破壊により近年急激に個体数が減少しつつある。準絶滅危惧種。©Brian E. Small

28-29　Virginian Partridge, *Perdix virginiana*. オオタカ（p.84）に襲われ逃げまどうコリンウズラの群れ。最奥が雛たち　▶キジ目ナンベイウズラ科。全長24〜28cm。オスは上面が赤褐色，メスはやや黄味がかり，ともに白斑あり。目頭からうなじ，眉斑，喉が白い。アメリカの東半分とメキシコ北部・東部・中西部，キューバ，グアテマラに分布。21亜種あり，北に行くほど体が大きく，南に行くほど羽色が濃い。口笛のような音で鳴く。分布域全体で数が減っており，準絶滅危惧種。

30-31　Purple Heron, *Ardea rufescens*. アカクロサギ。右が成鳥，左は2歳の幼鳥　▶ペリカン目サギ科。全長68〜82cm，翼幅116〜125cm。頸と後肢が長く，嘴の先端が黒い。成鳥の体色は頭部から頸に錆色の長毛が生え翼の黒い暗色型と，全身真っ白な白色型の2種に分かれ，前者が多くを占める。19世紀後半に羽毛目的で乱獲され数が激減。アメリカでは現在テキサス沿岸部に約2000組のつがいがおり，保護対象となっている。沿岸の湿地や干潟で魚を捕食。準絶滅危惧種。©Atsme

32　White-crowned Pigeon, *Columba leucocephala*. シロボウシバトのつがい，アカバナチシャノキの枝上で。上がメス　▶ハト目ハト科。全長29〜35cm。体色は濃い灰色からほぼ黒色まで濃淡あり。白帽を被ったような頭頂部。カリブ海の島々，中米沿岸，アメリカのフロリダ南部に生息。フロリダの個体の一部はカリブ海で越冬。マングローブ林に棲み，樹上を機敏に飛び回って果実を食べる。狩猟や開発のために個体数が減り続けている。準絶滅危惧種。©ZankaM

33　Eastern Meadowlark, *Sturnus ludovicianus*. 草陰に営巣するヒガシマキバドリ。左と右上がオス，巣の中と前がメス　▶スズメ目ムクドリモドキ科。全長20〜28cm。頭に暗褐色の縞，目先と下面が黄色で胸にV字型の黒斑。カナダ南部〜アメリカ北東部で繁殖し，アメリカ東部〜南米北部の湿性の草地に棲む。主食は昆虫と種子。西部に分布するニシマキバドリ（*Sturnella neglecta*）と酷似するが，本種の方が体色がやや濃く，鳴き声がシンプル。準絶滅危惧種。©Dominic Sherony

34　Chuck-will's Widow, *Capri mulgus carolinensis*. サンゴヘビを攻撃するチャックウィルヨタカのつがい。上がオス　▶ヨタカ目ヨタカ科。全長27〜34cm。褐色の地に黒斑のある体は枯れ葉と見紛う。北米東部の松林や沼地近辺に多く棲み，冬は中南米や西インド諸島へ渡りジャングルなどで過ごす。虫のほかスズメやハチドリなどの小鳥や貝も食べる。英名は澄んだ鳴き声が「チャックウィルズ・ウィドウ」（チャックウィル氏の未亡人）と聞こえることから。準絶滅危惧種。©DickDaniels

35　Whip-poor-will, *Caprimulgus vociferus*. クロガシワの枝でガを狙うホイップアーウィルヨタカ。上がオス，下2羽がメス　▶ヨタカ目ヨタカ科。全長22〜27cm。嘴の周囲の髭が長い。アメリカ東部に分布。以前は同種とされた *Antrostomus arizonae*（アメリカ南西部とメキシコに分布）と区別するため Eastern whip-poor-will と呼ばれる。主食は虫。巣をつくらず，草叢などに卵をじかに産む。英名は鳴き声から。チャックウィルヨタカ（p.34）と混同されやすい。準絶滅危惧種。©TonyCastro

36　Painted Finch, *Fringilla ciris*. チカソープラムの枝でたわむれるゴシキノジコ。上がメス，左下の頭の青い2羽がオス，中央と右端で羽にいたずらするのが幼鳥　▶スズメ目ショウジョウコウカンチョウ科。全長約13.5cm。オスの成鳥は頭部が青，目の周りに赤い輪，背は黄緑，尾は朱，喉から下腹が鮮紅とまさに五色。メスは明るい黄緑，下腹が真黄色。アメリカ南部で繁殖し中米で越冬。主食は種子や昆虫。開発による生息地の破壊で個体数が減少。準絶滅危惧種。©Dan Pancamo

38-39　Wild Turkey, *Meleagris gallopavo*. シチメンチョウの母鳥と雛たち　▶キジ目シチメンチョウ科。種小名は「クジャクのようなニワトリ」の意。オス全長100〜125cm，メス75〜95cm。野生種（6亜種）はアメリカ全域からメキシコにかけて分布。造巣・抱卵・育雛はメス単独で行う。雑食性。大型で肉の味が良いため，古くから食用に飼養されてもきた。野生種は飼養品種に比べ体が引き締まり，慎重で，機敏に飛ぶ。狩猟や開発により一時は数が激減したが現在は回復。©Kevin Cole

40　Mockingbird, *Turdus polyglottus*. カロライナジャスミンの枝に張った巣を守るマネシツグミ。左上およびガラガラヘビの目を狙うのがオス，右上・左下がメス　▶スズメ目マネシツグミ科。「多くの舌をもつものまね名人」を意味する種小名の通り，他の鳥の鳴き声をたくみにまねる。全長23〜28cm。北米南部と西インド諸島に分布。雑食性。『アラバマ物語』の原題は To Kill a Mockingbird。ドラマ『クリミナル・マインド』シーズン2で印象的な役割をはたした絵。©Manjithkaini

41　Ferruginous Thrush, *Turdus rufus*. 卵をヘビから守ろうとするチャイロツグミモドキ。巣で鳴くつがいの声を聞きつけ，別のつがいが加勢に来た　▶スズメ目マネシツグミ科。現在の英名は Brown Thrasher。全長約29cm，雌雄同色。赤茶色の上面と弓状に湾曲した嘴が特徴。北米ロッキー山脈の東に分布し，東・西の2亜種に分かれる。冬は南東部に移動。雑食性。樹木（絵ではアカガシワ）の低い枝や藪の中に巣を張る。さえずり声が美しい。ジョージア州の州鳥。©cbgrfx123

42　Baltimore Oriole, *Icterus baltimore*. ユリノキに巣を張るボルティモアムクドリモドキ。上がオスの成鳥，右下が2歳のオス，左がメス　▶スズメ目ムクドリモドキ科。全長17〜22cm。オスは黒い頭・羽と黄色の体がコントラスト鮮やか。カナダ南部〜アメリカ東部の森林で繁殖し，冬はフロリダや中米，カリブ海に渡る。草の根や枯草，馬の毛を編みあわせて袋状にした巣を木の枝に張る。主食は昆虫。この数十年で数がやや減少。メリーランド州の州鳥。Ⓒ TonyCastro

43　American Robin, *Turdus migratorius*. コナラの枝上の巣で雛に給餌するコマツグミ。赤い実をくわえるのがメス，毛虫を与えるのがオス　▶スズメ目ツグミ科。全長約23cm。オスは頭と尾が墨色で胸が代赭色，目の周りに白斑。メスは全体にオスの色を淡くした外見。北米の北半分で繁殖，北の個体は南で越冬。アメリカで最もよく見られる鳥の一種で，森林や山岳地帯，公園などに棲む。主食は果実や幼虫。卵はトルコ石のような美しい浅葱色。コネティカット，ミシガン，ウィスコンシン州の州鳥。

44　Yellow-breasted Chat, *Icteria viridis*. 野バラの枝に巣を張るオオアメリカムシクイ。巣の中にいるのがメス，その他はオス　▶スズメ目アメリカムシクイ科。全長約18cm。上面が鶯色，目の周囲が白く，喉と胸は鮮やかな黄色。雌雄ほぼ同色だがメスは目先が灰色。カナダ南西部からアメリカ，メキシコにかけて分布。北方で繁殖したものは冬にメキシコやグアテマラに渡る。繁殖期を除いて，落葉樹林の茂みや藪の中などでひっそりと暮らし，目立たない。Ⓒ Emily Willoughby

45　Blue-bird, *Sylvia slalis*. ルリツグミの家族。上がオス，ビロードモウズイカの花穂にとまる雛にエサをやるのがメス　▶スズメ目ツグミ科。現在の英名はEastern Bluebird。全長約17cm，オスは上面が鮮やかな瑠璃色，メスは灰褐色。カナダ南部から北米東部に分布し，冬は南下。木立の点在する農地に棲み，木の洞や人工の巣箱に営巣。主食は昆虫と果実。アメリカでは春を告げる幸福の使いとされる。20世紀末に深刻な個体数減があったが，巣箱設営で回復。Ⓒ Sandysphotos 2009

46　House Wren, *Troglodytes ædon*. 給餌するイエミソサザイ。巣の上がオス，雛にエサを与えるのがメス　▶スズメ目ミソサザイ科。全長約12cm，雌雄同色。カナダ以南の北米・中南米に分布。30余の亜種あり。北方の個体は冬に南へ渡る。森林に棲むものは木の洞などを巣にするが，建物の隙間や人が設けた巣箱にもよく卵を産むためこの名がついた。絵では木の枝にかかったシルクハットを巣にしている。主食は虫やクモ。外見は地味だが歌声は快活。オハイオ州の州鳥。

47　Marsh Wren, *Troglodytes palustris*. 巣を守るハシナガヌマミソサザイ。上と左がメス，右がオス　▶スズメ目ミソサザイ科。全長約13cm。カナダ南部からアメリカにかけて分布し，冬はメキシコまで南下するものも。軟泥質の沼地や汽水湿地を好み，葦や蒲など背の高い草が群生する中に隠れ棲む。主食は昆虫。絵のように植物の葉や冠毛を集めて球形にし，茎にからませて営巣する。メスが抱卵・育雛する間，オスはさかんにさえずって敵を遠ざける。Ⓒ naturespicsonline.com

48 Blue Grosbeak, *Fringilla corulea.* ハナミズキの枝に営巣するルリイカル。上がオス，左下がメス，巣の上が幼鳥 ▶スズメ目ショウジョウコウカンチョウ科。全長約18cm。オスは鮮やかな瑠璃色で翼に栗色の帯。メスは褐色で翼と尾が薄墨色，翼には黄褐色の帯（作者が幼鳥とみなした黄色の個体はおそらくメスの成鳥）。アメリカ中部・南部とメキシコ北部で繁殖し，中米で越冬。農耕地の生け垣や森林のへりに棲み，虫や果実を食す。ハスキーな声でさえずる。©Manjith Kainickara

49 Red-headed Woodpecker, *Picus erythrocephalus.* 雛にエサを運ぶズアカキツツキのつがい。上がメス ▶キツツキ目キツツキ科。全長約24cm。頭部・喉・頸が鮮やかな赤色。カナダ南部からアメリカ・フロリダ州にかけて分布。3亜種あり。留鳥だが渡りを行う個体もいる。4～8月の繁殖期には，主にオスが枯木の腐食部分などに嘴で穴を開けて造巣し，雌雄交代で抱卵。雑食性。大きな獲物は付近の枝を「まな板」にし捌いて雛に与える。2018年，近危急種リストから除外。©Mdf

50-51 Common Cormorant, *Phalacrocorax carbo.* カワウの親子，右がオス ▶カツオドリ目ウ科。全長80～100cm，翼幅120～160cm，ウ科最大級。顔の下半分が白いほかは全身ほぼ黒。繁殖期は後肢の付け根に大きな白斑が出る。アフリカ，ユーラシア，日本，オーストラリア，北米北東部沿岸などに分布。湖沼や河川に群れで棲み，水に潜り魚を捕食。日本ではかつてウミウとともに鵜飼に使われた。不忍池や琵琶湖の大コロニーをはじめ，近年急増・生息域拡大が見られる。©JJ Harrison

52 Bank Swallow, *Hirundo riparla.*Violet-green Swallow, *Hirundo thalassinus.* 下はショウドウツバメの家族，上はスミレミドリツバメ㊢のつがい ▶いずれもスズメ目ツバメ科。「ショウドウ」は全長約12cm，暗褐色の背，白い喉，すばやく小刻みな飛行。和名「小洞」の通り海岸などの崖に横穴を掘って巣とする。北米からユーラシアまで広範囲で繁殖し，中南米やアフリカで越冬。「スミレミドリ」は約13cm，頭頂と背が緑，翼が暗紫色。北米西側に生息。©Alan Vernon

53 Republican, or Cliff Swallow, *Hirundo fulva.* 崖に巣を張るサンショクツバメ。巣穴から顔を出しているのとその横がオス，上がメス ▶スズメ目ツバメ科。全長13～15cm。頭頂は黒，頬は赤茶，額は淡赤。ほぼ北米全域で繁殖し南米で越冬。開けた土地の崖・渓谷・河川近くに棲み，崖下，橋の下，建物の軒下などに泥でつくった壺型の巣を張る。主食は昆虫。この鳥の巣を初めて見た作者は，共同体＝種の存続に個が身を捧げるイメージから「共和国のツバメ」と名づけた。©Mike's Birds

54 American Swift, *Cypselus pelasgius.* エントツアマツバメのつがい，上がオス。下はその巣 ▶アマツバメ目アマツバメ科。全長約14cm，上面と頭頂は濃い灰色，下面は灰褐色。幅狭の長い翼をもち，短い尾の先端は針のように尖る。北米中部・東部で繁殖し，冬はペルーやブラジルまで南下する。甲虫やハエなど飛んでいる虫を捕食。現在の英名Chimney Swiftの通り，ほとんどが煙突の内部に，小枝を唾液で張りあわせた籠状の巣をつくる。危急種。©Andrew Cannizzaro

56-57　White-headed Eagle, *Falco leucocephalus*. ナマズをしとめるハクトウワシのオス　▶タカ目タカ科。全長70～100cm，翼幅約2m，メスはオスの約25%ほども大きい。頭・頸・尾が白い。幼鳥は褐色に白の縞。アラスカからメキシコ北部にかけて分布。大型の魚を主食とし，海や川，湖沼の近くに生息。20世紀中に狩猟や農薬の影響で数が激減したが，1970年代以降のDDT禁止や保護対策により現在は回復。2020年1月，日本本土（北海道野付湾）で初確認。アメリカの国鳥。© Andy Morffew

58　Stanley Hawk, *Falco stanleii*. 小鳥を追うクーパーハイタカのメス（上）とオスの幼鳥　▶タカ目タカ科。全長約40cm，カナダ南部からアメリカ北部で繁殖し，アメリカ全域に生息。最北で繁殖した個体はメキシコなどで越冬。森林に棲み，中型の鳥や小型哺乳類を捕食。作者は新種と考え，当時ロンドン・リンネ協会会長だったスタンリー卿の名を冠したが，正しくは学名Accipiter cooperii（ナポレオンの甥である鳥類学者C.L.ボナパルトが博物学者W.クーパーにちなんでつけた）。

59　Golden Eagle, *Aquilla chrysaetos*. ノウサギを捕らえたイヌワシのメス　▶タカ目タカ科。オス全長約81cm，メス約89cm。翼幅170～213cm。暗褐色の体に黄金色の後頭部。ヨーロッパ，アフリカ北部，中近東，シベリア，ヒマラヤ，中国，朝鮮半島，日本，アラスカ，カナダ東部，アメリカなどに分布。6亜種で色に濃淡あり。平野から山地まで生息域は広く，日本では標高700～3000mの高山に棲む。小型哺乳類や大型の鳥，ときにヒツジやシカを捕食することも。© DickDaniels

60　Red-tailed Hawk, *Falco borealis*. カンジキウサギを捕らえるアカオノスリ。上がメス，下がオス　▶タカ目タカ科。全長約45cm，翼幅約120cm。メスの方が大きい。赤茶色の尾が特徴。北米・中米・西インド諸島に分布。北方の個体は南下して越冬。ウサギなど齧歯類のほかトカゲやヘビも捕食。森林内はもとより，砂漠の丈高いサボテンの上などにも営巣する。作者は飢えたこの鳥が家禽を襲い，農夫に銃で報復される様子を，悲哀を込めた筆致で綴っている。© Peter K. Burian

61　Common Buzzard, *Buteo vulgaris*. ノウサギを狙うアレチノスリのメス　▶タカ目タカ科。全長43～56cm，翼幅117～137cm。同属のアカオノスリ（p.86）よりも翼が細長い。北米西部で繁殖，南米南部で越冬。クリー，クリーと鳴きながら平地上空を帆翔。主食はバッタなどの昆虫や小型哺乳類。淡色型が9割，暗褐色型が1割（この絵の資料となった標本の採取場所スネーク川流域など分布地の最西部に多い）。現在の英名Swainson's Hawkは鳥類学者W. J. スウェインソンに由来。© DickDaniels

62　Rough-legged Falcon, *Falco lagopus*. 獲物をしとめるケアシノスリのオス　▶タカ目タカ科。全長46～60cm，翼幅120～140cm。メスの方が大きい。ユーラシア北部，アラスカ，カナダ北部で繁殖し，冬はヨーロッパ中部やアメリカまで南下。寒冷地に適応し，つま先まで羽毛に覆われる。レミングやネズミなどの小型哺乳類，ライチョウなど中型の鳥を捕食。北日本や日本海側にも珍しい冬鳥として渡来，まれに東京湾埋め立て地や多摩川河川敷などにも姿を見せる。© RobHanson

63　Fish Hawk, or Osprey, *Falco haliaetus*. ニベを捕らえるミサゴのオス　▶タカ目ミサゴ科。オス全長約54cm，メス64cm，翼幅155〜175cm。ヨーロッパからアフリカ北部，アジア，オーストラリア，北中米，太平洋諸島など世界各地で繁殖，冬はアフリカ南部や南米に渡って過ごすものも。主食の魚を求めて海岸や湖沼，河川付近に生息。水面に魚の姿が見えると急降下して太い後肢で捕らえる。20世紀半ばに農薬の影響で個体数が激減したが，DDT等の禁止で回復。Ⓒ Matt edmonds

64-65　Swallow-tailed Hawk, *Farco furcatus*. ガーターヘビを捕らえるツバメトビのオス　▶タカ目タカ科。全長50〜68cm, 翼幅110〜136cm。雌雄ほぼ同色。頭と下面が白，背・翼・尾・後肢は黒。体長の半分に及ぶ長く先割れした尾をもつ。アメリカ南東部と中米東部で繁殖し, 南米で暮らす。かつてはアメリカ中西部一帯で見られたが, 20世紀中に生息域が大幅に狭まった。体に比して大きな翼で俊敏に飛び回り，虫や爬虫類を捕食。作者もその優雅な飛行を愛でた。Ⓒ Andy Morffew

66　Sharp-shinned Hawk, *Falco velox*. アシボソハイタカのつがい, 上でネズミをつかむのがオス　▶タカ目タカ科。全長23〜30cm, 翼幅42〜58cm, メスの方が大きく，オスだけとると北米最小級のタカ。頭頂と背は濃い灰色，後頭部に白斑，下面に栗色の斑。後肢が細長い。オスは虹彩が赤色。北中米と南米北部沿岸・東部に分布。森林に生息し，小鳥や小型哺乳類を捕食。北方の個体は冬にパナマなどに南下。中南米の亜種のうちプエルトリコのものは絶滅危惧種。Ⓒ Dario Sanches

67　American Sparrow Hawk, *Falco sparverius*. バターナットの枝上で獲物をしとめるアメリカチョウゲンボウ。上がメス，下2羽がオス　▶ハヤブサ目ハヤブサ科。全長22〜30cm，メスがやや大きい。アメリカ大陸最小のハヤブサ。頭頂に栗色の斑，目の下に縦長の黒斑。オスの翼は青灰色，メスは茶と黒の縞。適応力豊かで，北米・中南米の密林から砂漠，草原，丘陵地まで幅広く分布し，17亜種を数える。昆虫やネズミ, 小鳥を捕食。クリー，クリーと鳴く。Ⓒ Fedaro

68-69　Great-footed Hawk, *Falco peregrinus*. カモを捕食するハヤブサ。右がオス，左がメス　▶ハヤブサ目ハヤブサ科。全長34〜58cm，翼幅74〜120cm，メスがオスよりも2〜3割増しで大きい。南極，熱帯雨林，標高の非常に高い山岳地帯などを除き全世界に広く分布，19亜種を数える。主に小型・中型の鳥を捕食。時速320〜350kmで飛ぶ世界最速の鳥。日本では本州中部以北，四国，北九州の海岸の崖などで繁殖。硫黄列島のシマハヤブサは2018年に絶滅（環境省発表）。

70　Barred Owl, *Strix nebulosa*. ハイイロリスに襲いかかるオスのアメリカフクロウ　▶フクロウ目フクロウ科。全長40〜60cm，翼幅95〜125cm，メスの方が大きい。象牙色の体に褐色の斑，嘴は黄色，虹彩は暗褐色。カナダからアメリカ東部に分布。北では針葉樹林や混合林に棲み，ネズミやリスなどの小型哺乳類を補食。南では沼や川近くのジャングルに棲み，両生類や魚を食べる。「ホッホウー」という大音声の鳴き声は英語で「Who cooks for you?」などと書く。Ⓒ Mdf

71　(Common) Night Hawk, *Caprimulgus virginianus*. コナラの葉陰で虫を追うアメリカヨタカ。上がオス，下2羽がメス　▶ヨタカ目ヨタカ科。全長22～25cm。上面は暗褐色と白の斑，淡褐色の下面に茶の縞，翼下面に大きな白斑。樹幹にとまると木の瘤と見分けがつかない。北極圏を除く北米で繁殖し，冬は南米に渡る。都市部でもよく見かける。主食は昆虫。農薬の影響や，増加傾向にあるカラスに卵を食べられてしまうなどの要因で個体数減が懸念されている。©Gavin Keefe Schaefer

74　Snow Bunting, *Emberiza nivalis*. ユキホオジロの親子。下が幼鳥　▶スズメ目ホオジロ科。全長約16cm。オスの夏羽は嘴と背，翼の先端，中央尾羽，尾羽先端が黒く，ほかはほとんど白。冬羽は頭頂，後頸，耳羽が褐色，背は灰・黒の斑模様，嘴は黄色。メスはオスの冬羽に似るが褐色味が強い。ユーラシアと北米北極圏・亜北極圏に4亜種が繁殖分布し，冬は温暖な地域に渡る。海岸や草地で種子や昆虫を食べる。日本にも冬に北海道，本州北部，九州に少数が渡来。©Charles J. Homler

75　Yellow-winged Sparrow, *Fringilla passerina*. イナゴヒメドリのオス。植物はシバザクラ　▶スズメ目ホオジロ科。全長10～14cm。茶・灰・白黒の縞模様に多少の地域差がある。カナダ南部から北中米にかけての草原地帯で繁殖し冬は南下する。地面を飛び跳ねて虫や種子を採餌。現在の英名Grasshopper Sparrowと和名は鳴き声がバッタ類のそれに似ることから。アメリカ・フロリダ周辺と南米の一部では数が激減しており，保護対策が行われている。©Dominic Sherony

76　Lincoln Finch, *Fringilla lincolnii*. ヒメウタスズメのつがい，上がオス。植物はゴゼンタチバナ，クラウドベリー，ツツジ　▶スズメ目ホオジロ科。全長13～15cm。上面は茶褐色，下面は白地に茶色の斑。全体にウタスズメ（*Melospiza melodia*）に似る。カナダ，アラスカ，アメリカ北東部・西部の湿地帯で繁殖し，アメリカ南部や中米で越冬。主食は種子や昆虫。甘美な声で歌う。作者はともにカナダに旅してこの鳥を捕らえた年下の友人トマス・リンカーンの名をつけた。©ADJ82

77　Great Carolina Wren, *Troglodytes ludovicianus*. アカバナトチノキの花にとまるチャバラマユミソサザイ。上がオス，下がメス　▶スズメ目ミソサザイ科。全長約14cm，雌雄同色。アメリカ東部からメキシコ東部，グアテマラ，ニカラグアにかけて分布する留鳥。9亜種が確認されている。開けた林や藪などに棲み，虫やクモ，小さなトカゲやカエルのほか，冬期は果実や種子を食す。つがいで鳴き交わす声はデュエットのように聞こえる。サウスカロライナ州の州鳥。©ADJ82

78　Brown Titlark, *Anthus rubescens*. アメリカタヒバリのつがい，左がオス　▶スズメ目セキレイ科。全長約16cm。上面は薄い茶褐色，下面は白っぽく，胸に茶色の斑。アラスカ～カナダ北部とアメリカ北西部の一部で繁殖し，アメリカ南部～メキシコで越冬。移動中と冬は耕作地や草地に群れで棲み，主に昆虫を食す。シベリア～北日本で繁殖する亜種のニホンタヒバリ（A. rubescens japonicus），日本にも冬鳥として渡来するタヒバリ（A. spinoletta）と外見がよく似る。©sam may

79　Plumed-Partridge, *Perdix plumifera*. ツノウズラ。左がオス，中央がメス，右はおそらくオスの幼鳥　▶キジ目ナンベイウズラ科。全長26～28cm。丸みをおびた体形と角のように伸びた長い冠羽，青灰色・葡萄茶色・褐色・白色の羽毛，特に腹部の模様が特徴。雌雄似るが，メスはオスより冠羽が短い。幼鳥は全体に灰色がかり，冠羽は褐色。アメリカ西部～メキシコ・バハカリフォルニアの山岳地帯に5亜種が生息。冬に低地へ移動するものも。茂みの中を歩き回り種子や果実を食べる。

80-81　Ruffed Grouse, *Tetrao umbellus*. エリマキライチョウ。手前がメス，奥2羽がオス　▶キジ目ライチョウ科。全長40～50cm，尾は扇形，頸の毛が長い。オスは繁殖期にこれを厚い襟巻き状に立てて翼を羽ばたかせ，メスをひきつける。雌雄ほぼ同型同色で，繁殖期を除くと判別しがたい。北米温帯～亜寒帯に分布。14亜種あり。体色は地域ごとに灰褐色や赤褐色などあり，白斑の模様を含め多彩。森林に棲み，葉や芽などを食す。ペンシルベニア州の州鳥。

82　Ground Dove, *Columba passerina*. オレンジの木で休むスズメバト。上3羽がオス，下枝の左がメス，右が幼鳥　▶ハト目ハト科。全長15～18cm，スズメよりやや大型，ハトの中で最も小さい種の一つ。全体に灰褐色で，頭から胸にかけて薄紅色を帯び，羽毛が鱗状を呈する。アメリカ南部，中米，カリブ海の島々，南米北部に分布し，羽色などが若干異なる15の亜種が確認されている。主食は種子や果実。飛ぶことはできるが，1日の大半を地上で過ごす。©Alan Vernon

84　(Nothern) Goshawk, *Falco palumbarius*. Stanley Hawk, *Falco stanleii*. 左と上はオオタカのオス（成鳥と幼鳥），右はクーパーハイタカ（p.58）の成鳥　▶オオタカはタカ目タカ科，オス全長46～60cm，メス58～69cm，翼幅110～130cm。幅広の短い翼と長い尾が特徴。ユーラシアと北米に分布。森林や山地の上空を上昇気流に乗って輪を描きつつ飛翔。ハトなど中型の鳥や哺乳類の幼獣を捕食。日本全域でも繁殖し，古くから鷹狩りに使われた。©F.Dahlmann

85　Red-shouldered Hawk, *Falco lineatus*. カタアカノスリのつがい，上がメス　▶タカ目タカ科。全長約40cm，翼幅約100cm，肩翼の赤い差し色が目印。カナダ南部付近で繁殖しアメリカ東部・南部の森林の川や沼の近くに生息，冬はメキシコに渡るものもいる。ネズミなどの小型哺乳類や小鳥，両生類，大型の昆虫などを捕食。オーデュボンはその甲高い鳴き声（とりわけ春にオスが発する求愛の声）を「タカ科のなかで最も騒々しい」と評した。©Sfullenwider

86　Black Warrior, *Falco harlani*. アカオノスリのオス（上）とメス　▶作者は新種と考えたが実際はp.60の暗色型。アカオノスリの成鳥は褐色の上面に赤茶色の尾を特徴とするが，この絵では「黒い戦士」の名の通り黒味が強い。作者はこの鳥をミシシッピ川下流付近で見かけて絵にしており，この川を境に羽色が異なるケースが観察されている。種小名はアメリカ博物学・古生物学の先駆者であり作者の友人でもあったハーラン博士（Richard Harlan）の名をとったもの。©Dominic Sherony

87 Broad-winged Hawk, *Falco pennsylvanicus*. ヒッコリーの枝にとまるハネビロノスリのつがい。上がオス　▶タカ目タカ科。全長約33cm，翼幅約85cm。北米東部やアンティル諸島に分布。冬はメキシコ，ペルー，ブラジルに南下。小型哺乳類，ヘビやカエル，大型の虫，小鳥などを捕食。つがいで並んで帆翔する早春の求愛行動が特徴的。やや警戒心が薄く，20世紀初頭には狩猟の標的とされ数が減ったが，ワシントン条約等で保護されてからは安定している。©Andrew Cannizzaro

88 Pigeon Hawk, *Falco columbarius*. コチョウゲンボウのつがい，上がオス　▶ハヤブサ目ハヤブサ科。全長24～33cm，翼幅50～73cm，メスがやや大きい。オスは上面が青灰色，メスは灰褐色で胸に三日月形ないしハート形の黒斑。北半球の寒帯と温帯に広く分布，亜種も多い。冬はアフリカ，ヨーロッパ，南米等へ渡る。日本にも秋冬に2亜種が飛来。「ハトのような」を意味する学名に似合わず俊敏で獰猛なハンター。現在の英名は古フランス語由来のMerlin。©Just a Prairie Boy

89 Louisiana Hawk, *Buteo harrisi*. モモアカノスリのメス　▶タカ目タカ科。全長46～59cm，翼幅103～120cm，メスが3割増しで大きい。全体が濃褐色で雨覆と腿が赤茶色。嘴は鉛色，蠟膜と後肢は黄色。アメリカ南西部～メキシコ，テキサス～中米，南米に3亜種が分布。森林や半砂漠地帯に棲み，小型哺乳類や小鳥，爬虫類を捕食。猛禽類としては珍しく，1羽のメスと数羽のオスで群れを形成。種小名は作者の庇護者でもあった鳥類学者E.ハリスに献じられたもの。©Peter K.Burian

90 Marsh Hawk, *Falco cyaneus*. ハイイロチュウヒ　▶タカ目タカ科。オス全長約43cm，メス約53cm，翼幅98.5～123.5cm。翼・尾・後肢が長い。オスは頭・胸・上面が淡灰色で初列風切が黒，オスの幼鳥とメスは褐色で尾羽基部が白い。ユーラシア北部や北米北部で繁殖し，冬はヨーロッパや中東，アジアまで南下。日本にもまれに渡来。湿原や湖沼地帯の平原に棲み，小型の鳥や哺乳類を捕食。多くのタカ科と異なり聴覚が鋭い。猛禽類には珍しく一夫多妻。©Rob Zweers

91 Mississippi Kite, *Falco plumbeus*. ミシシッピトビのつがい，上がオス　▶タカ目タカ科。全長30～37cm，翼幅約90cm。全体に灰白色で翼と尾羽は墨色。開けた森林や沼地，半乾燥地帯にゆるやかなコロニーを形成。飛行中のセミやトンボを捕まえ，優雅に空を舞いながら食べる。まれにネズミなども捕食。元は名の通りアメリカ南東部を主な繁殖地としたが，20世紀半ば以降に中西部の南で数が大幅に増え，近年さらに営巣地が拡大している。冬期は南米に渡る。©DickDaniels

92 Iceland or Jer Falcon, *Falco islandicus*. シロハヤブサのつがい　▶ハヤブサ目ハヤブサ科。オス全長約56cm，メス約61cm，翼幅124～132cm，科の中で最大かつ目のうち最北生息種。絵のように全体が白く黒斑のある淡色型のほか，暗色型と中間型がある。北極圏の森林などに棲む。冬はシベリア，ヨーロッパ，北米北部などまで南下するものもいる。日本の北海道根室地方とサロベツ原野にも渡来。岩がちな地を好み，カモメやキジ，ノウサギなどを捕食。©NorthernLight

93　Brasilian Caracara Eagle, *Polyborus vulgaris*. キタカンムリカラカラ　▶ハヤブサ目ハヤブサ科。全長50〜58cm，翼幅122〜125cm。黒褐色の冠羽，長い後肢。裸出した蠟膜と顔は幼鳥時は淡紅色，長じて緋色や山吹色。アメリカのフロリダ，テキサス沿岸，アリゾナの砂漠，および中米と南米北部に分布。主食は死肉。南米南部に生息するミナミカンムリカラカラ，すでに絶滅したグアダルーペカラカラとともに一括りに「カラカラ」とされていたが，現在はそれぞれ独立した種とみなす。

94　Barn Owl, *Strix flammea*. ジリスを狩るメンフクロウのつがい　▶フクロウ目メンフクロウ科。全長29〜44cm。ヨーロッパ，アフリカ，南北アメリカ，インドからオーストラリアにかけての熱帯に分布。フクロウ目のみならず鳥類全体で最も生息域が広い。30近い亜種あり，上面の色も灰色，淡黄色，黒褐色とさまざまだが，ハート形の面のような顔は共通。留鳥だが，食料が乏しければ移動する。甲高い声で長々と鳴く。英名は納屋（barn）によく営巣することから。ⓒPeter K.Burian

95　Great Cinereous Owl, *Strix cinerea*. カラフトフクロウのメス　▶フクロウ目フクロウ科。全長60〜84cm，翼幅140〜152cm，メスの方が大きい。世界最大のフクロウ。ただし全身灰色がかった褐色の厚い羽毛に覆われ，見かけほど体は大きくないので，主な獲物はネズミなどの小型齧歯類。巨大な顔には小さな目を中心に同心円状の縞模様がある。ユーラシアと北米の亜寒帯の針葉樹林に各1亜種が生息。多くは巣をつくらず，他の大型の鳥の古巣を再利用する。ⓒArne List

96　Great Horned Owl, *Strix virginiana*. アメリカワシミミズクのつがい，手前がオス　▶フクロウ目フクロウ科。全長43〜56cm，メスの方が大きい。カナダ北部ツンドラ地帯を除いてアメリカ大陸全域に広く分布。地域によって羽色がかなり異なる。やや大型のワシミミズク（Eurasian Eagle-Owl, *Bubo bubo*）に外見がよく似ており，近縁種とされる。北方に棲む個体は，狩りが難しくなる冬期にネズミなどの獲物を「冷凍保存」し，自分の体温で「解凍」して食べることがある。ⓒJohn Kees

97　Little Screech Owl, *Strix asio*. 松の枝にとまるヒガシアメリカオオコノハズク。上が成鳥，下の茶色い2羽が幼鳥　▶フクロウ目フクロウ科。全長16〜25cm。カナダ南部，アメリカの東半分，メキシコ東部に分布し5亜種を数える。森林や公園に棲み，齧歯類や大型の昆虫を捕食。体色は大きく分けて南が錆色，北が灰色，フロリダが茶色。作者は色の差を年齢によるものと考えたが，現在では生息域に応じた擬態の差異（広葉樹林→灰色，松林→茶色など）との説が有力。ⓒDickDaniels

98-99　Black Vulture or Carrion Crow, *Cathartes atratus*. ミュールジカの死肉を食べるクロコンドルのつがい。左がオス　▶タカ目コンドル科。全長56〜74cm，翼幅133〜167cm。全身墨色，裸出した頭は灰色。アメリカ南東部から中南米に分布。森に近い平地に棲み，哺乳類や鳥の死肉を食すほか，幼獣を襲うことも。好戦的で，嗅覚の鋭いヒメコンドル（p.100）のあとをつけて食物にありつき，追い払って横どりする。コンドルとしては翼が短く，長距離は飛ばない。ⓒHans Hillewaert

100　Turkey Buzzard, *Cathartes atratus*. ヒメコンドルのオス（上）と幼鳥　▶タカ目コンドル科。全長65〜75cm，翼幅160〜180cm。現在の英名はTurkey Vulture。全身黒褐色で，皮膚の裸出した頭と後肢だけが紅赤色（未成熟個体は灰色）。カナダ南部から南米南端まで広く分布。主に鳥や獣の死肉，甲虫類の幼虫を食す。腐臭を嗅ぎつける必要のためか，鳥類としては例外的に嗅覚が発達。巣をつくらず，岩の割れ目や地面に掘った穴の中に産卵する。ⒸPeter K. Burian

102　Brown Pelican, *Pelecanus fuscus*. オスのカッショクペリカン　▶ペリカン目ペリカン科。全長約114cm，翼幅約200cm。全身褐色，顔は淡黄色，目の周りの皮膚が裸出。嘴は灰黒色。5亜種あり，繁殖期に頭部の毛が濃い黄色，うなじの毛が白から濃い茶色に変わるものがある。カナダ東部から南米北部にかけての大西洋沿岸，カナダ西部からガラパゴス諸島までの太平洋沿岸に分布。水にダイブし魚を捕る。ルイジアナ州の州鳥。映画『ジュラシック・パーク』に登場。ⒸFrank Schulenburg

103　American Flamingo, *Phœnicopterus ruber*. ベニイロフラミンゴ，老齢のオス　▶フラミンゴ目フラミンゴ科。全長120〜145cm，翼幅140〜165cm。全体に薄紅色ないし照柿色，食物に応じて色差あり。ユカタン半島北部からカリブ海，ブラジル北部にかけての干潟や湿地に生息。フロリダ湾やテキサス沿岸部のものは，移住者か動物園等からの脱走者か未確定。ガラパゴス諸島の個体は体長等が著しく異なり，亜種と分類されることも。上は嘴，下顎，舌，後肢のスケッチ。ⒸMartin Pettitt

104　Great Blue Heron, *Ardea herodias*. オオアオサギのオス　▶ペリカン目サギ科。全長91〜137cm，アオサギより一回り大きい。頭は白く，頸は淡灰色，背は青灰色，腿は褐色。目の上から後頭部にかけて藍色の帯が走り，その延長上に長い冠羽。アラスカ西部からカナダ，アメリカ，中米，西インド諸島，ガラパゴス諸島に4亜種が分布。うちフロリダ〜西インド諸島のものはやや大柄で全身が白い。湿地や沼沢地，海岸，干潟に生息し，魚・爬虫類・両生類などを食べる。ⒸDonaldRMiller

105　American White Pelican, *Pelicanus americanus*. アメリカシロペリカンのオス　▶ペリカン目ペリカン科。全長130〜180cm, 翼幅240〜300cm, 北米ではナキハクチョウ（p.134-135）に匹敵する大きさ。翼先端（黒）と嘴・後肢（黄）を除き全身白く，冠羽と胸先は淡黄色。繁殖期に雌雄とも嘴上部に大きな突起を生じる。北米内陸部の湖上の島などで繁殖し，湖沼地帯に群れで棲む。多くは冬にメキシコ湾岸へ移動。嘴を水中に差し入れ，魚や両生類を水ごと喉袋に捕獲する。ⒸEnayetur Raheem

106-107　Night Heron or Qua Bird, *Ardea nycticorax*. ゴイサギ。左が成鳥，右は幼鳥　▶ペリカン目サギ科。全長約64cm。頭頂，肩羽，背が光沢のある青鈍色。繁殖期に後頭部から白い冠羽が伸びる。目の先の裸出部は黄緑，虹彩は深紅。幼鳥は褐色の体に白斑。オーストラリアと南極を除き世界各地に分布し，水辺に棲んで魚やザリガニを捕食。和名は醍醐天皇が宴の折，飛行中のこの鳥に降下を命ずると大人しく従ったのを褒めて五位に叙したという『平家物語』の記述から。ⒸCharles J. Sharp

108　Snowy Heron, or White Egret, *Ardea candidissima*. オスのユキコサギ。春，サウスカロライナの稲田にて　▶ペリカン目サギ科。全長56～66cm，翼幅90～105cm。羽は白，嘴の基部と趾が黄色。主にアメリカ南東部・南部・西部の沿岸と中南米に分布。湿地や沼沢地に群れで営巣。中南米では留鳥だが，アメリカでは繁殖後に南へ移動。魚や両生類，昆虫などを食す。画面右下に鳥を狙うハンターの姿。サウスカロライナ州はかつてコメのプランテーションで栄えた。©Hans Stieglitz

109　Yellow-Crowned Heron, *Ardea violacea*. ミノゴイ。上が秋の幼鳥，下が繁殖期のオス　▶ペリカン目サギ科。体長55～70cm。体に比して頭が大きく後肢が長い。首から下は青灰色，翼に黒の鱗模様。長い冠羽は淡黄色。後肢は繁殖期に黄色から薄紅色ないし赤に変わる。幼鳥は褐色の体に白斑，頭は灰色。アメリカ南東部から中部にかけての大西洋沿岸で繁殖し，冬はフロリダや中米，南米北部に移る。沼沢地や川沿いに棲み，硬い嘴で主にカニなどの甲殻類を食べる。©Finelightarts

110-111　Great White Heron, *Ardea occidentalis*. オオアオサギのオス，4月のフロリダ半島南端にて　▶ペリカン目サギ科。全長91～137cm，翼幅167～201cm，北米最大のサギ。頭から頸は白く，背と翼が青灰色，後頭部に長い冠羽。この絵に描かれた白色型はかつて別種「オオシロサギ」とされたが，現在はフロリダ南部～西インド諸島原産の亜種の扱い（異論もあり）。北中米，カリブ海，ガラパゴス諸島に分布。湿地に棲み魚や甲殻類，まれに小・中型の鳥も捕食。©Charles J. Sharp

112　Louisiana Heron, *Ardea ludoviciana*. サンショクサギのオス　▶ペリカン目サギ科。全長56～76cm，翼幅約95cm。頭，頸，背，上翼が青灰色，襟の蓑羽は錆色，後頭部の冠羽と下面は白，嘴は青く（非繁殖期は淡黄色）先端は墨色，後肢は深紅（非繁殖期は黄緑）。繁殖期に羽毛が伸び，青・白・赤の三色が鮮明に（現在の英名Tricolored Heronの由来）。北米南部から中米，西インド諸島，南米北部の沿岸に分布。沼地や浅瀬に棲み，魚や甲殻類，両生類を捕食。©Derek Bakken

113　White Ibis, *Ibis alba*. シロトキ。左が成鳥，右は幼鳥　▶ペリカン目トキ科。53～70cm。オスの方が大きい。全身白く，初列風切の外弁先端は黒。顔の裸出部，嘴，後肢の珊瑚色は繁殖期の初期に濃くなる。幼鳥の羽毛は褐色。アメリカ南東部からカリブ海，中米，エクアドルに分布。沼地や干潟で甲殻類や虫を採餌。しばしば大きな群れを形成し，フロリダには3万羽規模の営巣地がある。ベネズエラでは近縁種ショウジョウトキ（p.114）との共住が観察される。©Kseajayne

114　Scarlet Ibis, *Ibis rubra*. ショウジョウトキ。左がオスの成鳥，右が幼鳥　▶ペリカン目トキ科。全長55～63cm。初列風切先端と嘴（黒）と顔の裸出部（肌色）を除き全身朱赤色。嘴は長く湾曲。幼鳥は灰色に白斑，甲殻類を食べて成長するにつれ赤くなる。南米北東部沿岸に分布。ベネズエラのコロニーでは全身白い近縁種のシロトキ（p.113）との共住が見られるが，交雑は観察されていない。作者はこの鳥をルイジアナ州で見た由，南米からの迷鳥だったのかもしれない。©SandyCole

115　Wilson's Plover, *Charadrius wilsonius*. ウィルソンチドリのつがい，右がオス　▶チドリ目チドリ科。全長17～20cm。上面は褐色，目の周り・頸・下面は白，後肢は淡桃色。繁殖期のオスは胸に黒い輪が出る。北米南東部～メキシコ沿岸部で繁殖し，フロリダや南米北部沿岸で越冬。海岸で甲殻類や虫を食べる。体に比して太く長い嘴が，他のチドリよりも大きめな獲物を可能にすると推測される。種小名は作者も敬愛したアメリカ鳥類学の父A.ウィルソンにちなむ。ⓒDickDaniels

116-117　Roseate Spoonbill, *Platalea ajaja*. ベニヘラサギのオス　▶ペリカン目トキ科。全長71～86cm，翼幅120～133cm。裸出した頭部は淡緑色（繁殖期は山吹色），胴と翼は桃色で小雨覆が濃紅色。アメリカ南部から中米，カリブ海沿岸に分布。匙状の嘴で浅瀬の水をすくい小魚などを食す。19世紀終盤，羽目当てで乱獲され個体数が激減，分布はいまだ局所的。作者によれば『アメリカの鳥類』出版時（1827～38），すでに翼と尾の羽を用いた美しい扇が市場に出回っていた。ⓒCharles J. Sharp

118　Booby Gannet, *Sula fusca*. カツオドリ　▶カツオドリ目カツオドリ科。全長64～74cm，翼幅132～150cm。腹部と翼内側の一部を除いて黒褐色，嘴と後肢は黄色。目の先と喉は裸出し，色は黄緑や橙など。熱帯・亜熱帯の海に広く分布し，4亜種あり。日本の伊豆・小笠原諸島や琉球諸島南部などでも繁殖。海に飛び込んで魚やイカなどを捕食。和名はカツオ等の大型魚に追われた小魚を狙ってこの種を含む海鳥が集まるため，漁師が大漁の目印としたことから。ⓒDanilo da Castro

119　Double-crested Cormorant, *Phalacrocorax dilophus*. ミミヒメウ，繁殖期のオス　▶カツオドリ目ウ科。全長70～90cm。全身光沢のある黒色，嘴と目の周りの裸出部は橙色。繁殖期に目の真上に2条の白または白黒混じりの羽が長く伸び，裸出部が赤くなる。雌雄同型同色。北米からメキシコまでの沿岸部や河川・湖沼周辺に生息。5亜種が確認されている。泳いだり潜ったりして魚などを獲る。1960年代に残留農薬の影響で数が減少したがその後回復。ⓒTheBrockenInaGlory

120　Black-bellied Darter, *Plotus anhinga*. アメリカヘビウのつがい　▶カツオドリ目ヘビウ科。全長75～95cm，翼幅約120cm。オスは全身光沢のある緑がかった黒色，雨覆に細長い白斑。メスは頭から胸が淡褐色。雌雄とも目の周りの裸出部が浅葱色。アメリカ南部から中米，ブラジル，アルゼンチンにかけての湖沼や河川沿いの湿地に多くは周年で生息。水辺の林にサギなど他の水鳥とともにコロニーを形成。泳いで魚を獲るが，撥水羽でないため短時間で上がり羽を乾かす。ⓒMatt edmonds

121　Frigate Pelican, *Tachypetes aquilus*. アメリカグンカンドリのオス　▶カツオドリ目グンカンドリ科。全長90～115cm，翼幅215～245cm，メスの方が大きい。全体がほぼ黒い。オスは喉の皮膚が赤く裸出し，繁殖期にはこれを風船状に大きく膨らませる。メスは喉から胸にかけて白い。主にアメリカ南部～ブラジル南部の大西洋沿岸，メキシコ北部～エクアドルの太平洋沿岸で繁殖。他の海鳥を襲って魚を吐き出させて横どりしたり，トビウオを空中で捕食したりする。ⓒmacraegi

122-123　Long-billed Curlew, *Numenius longirostris*. アメリカダイシャクシギのつがい。手前がオス，奥がメス。川向こうはチャールストンの町　▶チドリ目シギ科。全長50～65cm，翼幅62～90cm，体に不釣り合いなほど長く下方へ曲がった嘴は11～22cm。メスの方が大きく嘴も長い。北米中西部で繁殖し，冬に南下。冬以外は草地で昆虫を，冬は干潟でカニなど甲殻類や軟体動物を採餌。19世紀末以来狩猟などで数が減り続け，一時は近危急種に指定されたが，近年は回復。ⓒMike Baird

124　Arctic Tern, *Sterna arctica*. キョクアジサシ　▶チドリ目カモメ科。全長28～39cm，翼幅65～75cm。外見はアジサシと酷似するが，頭がより丸く，後肢がやや短く，嘴は細い。北米・ヨーロッパ・ユーラシアの北極圏で繁殖し，7月には太平洋東部・大西洋東部に分かれて南下。主食は魚や甲殻類。鳥類最長距離の渡りで知られ，その大きな翼で1年に北極ー南極間を往復する（距離にして3万km以上。和名のキョク＝極の由来）。作者もその力強く優美な飛行に瞠目した。ⓒAWeith

125　Black Backed Gull, *Larus marinus*. 傷を負ったオオカモメ　▶チドリ目カモメ科。全長68～79cm，翼幅152～167cm，カモメ科最大。背と翼上面が灰黒色。カナダ，北米北東部，イギリス，スカンジナビア半島，フランス北部沿岸等で繁殖し，冬はイベリア半島や西インド諸島に渡る。魚や小型哺乳類のほか，別の鳥の卵や雛も食べる。好奇心が強く食欲旺盛で，最近は海沿いや内陸のゴミ捨て場にも進出。周辺に大型猛禽類なくば頂点捕食者。右上は後肢のスケッチ。ⓒAndreas Trepte

126　Belted Kingfisher, *Alcedo alcyon*. 狩りをするアメリカヤマセミ。魚をくわえるのがメス，他の2羽がオス　▶ブッポウソウ目カワセミ科。全長約33cm。雌雄とも灰青色の体に白い頸輪，メスは腹部の茶色の帯が目印。アメリカ大陸全域で見られる。北部の個体はアメリカ南部やメキシコ，西インド諸島などに渡り冬を越す。川べりの高枝などにとまって水面を偵察し，獲物（小魚やザリガニ，カエルなど）を見つけるや，急降下して水に飛び込み捕まえる。ⓒKevin Cole

127　Columbian Water Ouzel, *Cinclus townsendi*. Arctic Water Ouzel, *Cinclus mortoni*. メキシコカワガラスのオス　▶スズメ目カワガラス科。全長約17cm。全身濃い灰色，嘴は黒く，後肢は淡褐色。アラスカ以南の北中米西部山岳地帯の急流近辺に棲む。地域ごと5亜種に分かれる。発達した瞬膜と鼻孔弁で長時間顔を水中に没し，主食の水生昆虫を探す。通年でさえずる。作者は絵の2羽を別種と考えたが，左は嘴と後肢の色が薄い未成熟な個体だったと推測される。ⓒAlan Wilson

128　Wood Ibiss, *Tantalus loculator*. アメリカトキコウ　▶コウノトリ目コウノトリ科（Stork）。以前はトキ科（Ibiss）に分類されていた。全長83～102cm。全体に白く，風切が黒，裸出した頭と頸は濃い灰色で鱗状を呈す。主に中南米やカリブ海の島嶼で繁殖。淡水で魚やザリガニ，水生昆虫を捕食。アメリカでは南東部に繁殖地があるが（北米唯一のコウノトリ科），生息地となる湿地・沼沢地・干潟が開発により破壊され，1970年代以降減り続けている。ⓒU. S. Fish and Wildlife Service

129 Canada Goose, *Anser canadensis*. カナダガンのつがい。手前がオス，草叢にうずくまるのがメス　▶カモ目カモ科。全長55〜110cm。頭と頸は黒く，喉から頬にかけて白い。体色は7亜種により濃淡あり，基本は上面が暗褐色，下面が淡褐色。北米，イギリス，北欧などに分布。沿岸より内陸，北方より南方の個体の方が体が大きい。環境適応に長け，池や湖のある公園，ゴルフ場の近辺などにも群れで生息，増えすぎて害鳥扱いされることも。主食は草，種子，果実。ⒸDaniel D'Auria

130 Jager, *Lestris pomarina*. トウゾクカモメ　▶チドリ目トウゾクカモメ科。全長約50cm，翼幅110〜138cm，大型のカモメ。明色型は頭頂から顔と背・翼が褐色，下面は白く，胸に黒褐色の帯。暗色型は全体に薄い黒褐色。長くねじれた1対の中央尾羽は飛行中は1本に見える。北米とユーラシアの北部で繁殖し，冬は南緯50度まで南下。日本の北海道から本州沖合の海上でも渡りが見られる。魚や齧歯類を捕食するほか，他の海鳥を追い回してエサを吐き出させ，横どりする。Ⓒjomilo75

131 Hooded Merganser, *Mergus cucullatus*. オウギアイサのつがい，左がオス　▶カモ目カモ科。全長43〜58cm。雌雄とも大きな冠羽をもつ。特に繁殖期のオスは扇形の冠羽の縁と顔・背が漆黒，冠羽の内側と胸から腹が純白で著しく目立つ。非繁殖期は褐色のメスにやや似るが，虹彩が異なる（オスは黄色，メスは茶色）。カナダ南部〜アメリカ中西部北で繁殖し，冬は南下。アメリカ中西部で繁殖した個体は留まる場合がある。森林近くの湖沼や川に棲み，小魚などを捕食。ⒸFootwarrior

132-133 Mallard Duck, *Anas boschas*. マガモの2組のつがい　▶カモ目カモ科。全長50〜65cm。繁殖期のオスは頭が光沢のある緑色，頸に白い輪。メスは全身淡褐色に茶の斑。非繁殖期のオスの色はメスに似る。嘴の色はオスが黄，メスが橙。雌雄とも次列風切に金属光沢のある青紫色の翼鏡をもつ。北半球の寒帯から温帯に広く分布，亜種も多く，世界で最も豊富なカモ。河川や湖沼の近くに棲み，雑食。日本の北海道や本州中部でも少数が繁殖するほか，冬は全国に多数渡来。ⒸRichard Bartz

134-135 Trumpeter Swan, *Cygnus buccinator*. ナキハクチョウ　▶カモ目カモ科。全長138〜180cm，翼幅185〜300cm，体重7〜17kg。北米最大かつカモ目最大，飛行可能な鳥の中で最重量級。黒い嘴と後肢以外全身白い。アラスカとカナダ西岸で繁殖，冬はアメリカ北部などに南下。湖沼や大河に棲み水生植物を食べる。1930年代には100羽未満まで減ったが，手厚い保護対策により回復。英名の通り，長く発達した気管から発する鳴き声はトランペットの音に似る。ⒸJakubFrys

136-137 Red-breasted Merganser, *Mergus serrator*. ウミアイサのつがい，上がメス。黄色の花はキバナヘイシソウ　▶カモ目カモ科。全長50〜62cm。繁殖期のオスは頭部が光沢のある黒緑色，逆毛のような冠羽。メスは頭部が茶褐色，オスよりやや短い冠羽。非繁殖期のオスはメスに似るが，翼の白黒模様と虹彩の赤味で見分けがつく。北米北部，グリーンランド南部，ユーラシアなどで繁殖し，冬に南下。日本にも九州以北に渡来。繁殖期は湖沼や川，冬期は海辺に棲み，主食は小魚。ⒸPeter Massas

138　Summer or Wood Duck, *Anas sponsa*. アメリカオシの2組のつがい。色の鮮やかな2羽がオス。木はアメリカスズカケノキ　▶カモ目カモ科。全長43～51cm。オスは後頭部へと長く伸びる緑・藍・紫・黒の混じった光沢のある冠羽をもち，体全体もカラフル。カナダ南部からアメリカ中部，西部沿岸および中米に分布し，北に棲むものは冬に南下。落葉樹林の中の湿地や川べりに生息し，木の実や種子，水生植物を食す。東アジアに分布するオシドリの唯一の同属。©Frank Vassen

140　Blue Jay, *Corvus cristatus*. 別の鳥の巣から盗んだ卵を食べるアオカケス。上と左奥がメス，手前がオス　▶スズメ目カラス科。全長22～30cm。冠羽・背・尾羽が鮮やかな青紫色で腹部は淡灰色，頸周りに黒の襟。カナダ南部とアメリカ・ロッキー山脈以東に分布，4亜種あり。かなりの雑食だが好物は木の実。侵入者を防ぐため，縄張り内の食料を漁り尽くして地中に隠したりする。好奇心旺盛で知能が高く，非常なおしゃべり。MLBトロント・ブルージェイズのマスコット。©DickDaniels

141　Canada Jay, *Corvus canadensis*. コナラの枝にとまるカナダカケス。上がオス，下がメス　▶スズメ目カラス科。全長約30cm。Grey Jayとも。上面が灰褐色，顔と胸が白色，後頭部と頸周りが暗褐色。アラスカ，カナダ，アメリカ西部の山岳地帯（p.140アオカケスのほぼ北側）の針葉樹林・針広混交林に生息。雑食性で人間のキャンプ地を漁ることがままあり，あだ名は「キャンプ強盗」。食料を唾液で湿らせて丸め，葉の間や木の洞，地中に蓄え冬に備える。©Dan Strickland

142　Columbia Jay, *Corvus bullockil*. コリーカンムリサンジャクのつがい，上がメス　▶スズメ目カラス科。現在の英名はBlack-throated magpie-jay，学名は*Calocitta colliei*（種小名はスコットランドの博物学者A.コリーにちなむ）。全長60～77cm，藍色の上面と白い腹部，冠羽，体長の半分以上を占める長い尾が特徴。メキシコ北西部の森林に生息。雑食性。北米では観察記録がなく，オーデュボンもC.L.ボナパルトにもらった標本をもとにこの絵を描いた。©Ron Knight

143　(Common) Raven, *Corvus corax*. ヒッコリーの枝で鳴くオスのワタリガラス　▶スズメ目カラス科。全長60～65cm。絵の通り嘴が大きく，喉の羽毛は槍の穂先状。北極圏のツンドラから東南アジアを除くユーラシア大陸全域，北中米，サハラ砂漠以北のアフリカ大陸まで幅広く分布し，開けた海岸や山岳地帯に生息。雑食性。知能が高い。日本では近年北海道東部を中心に渡来数が増加。イギリスではアーサー王の化身とされ保護対象。ポーの詩『大鴉』では人語を話す。©TheBrockenInaGlory

144　American Crow, *Corvus americanus*. クロクルミの木にとまるアメリカガラスのオス。下枝にノドアカハチドリ（p.174）の巣　▶スズメ目カラス科。全長43～53cm。アラスカとカナダ北部を除く北米全域に分布。耕地やまばらな林，公園などの開けた場所に棲む。雑食だが主食はトウモロコシや昆虫。アメリカで最も一般的なカラス。作物を荒らしゴミを漁る害鳥として嫌われ，ダイナマイトで塒を爆破する行きすぎた駆除策がとられたこともあるが，数が減る様子はない。©Wsiegmund

145 Fish Crow, *Corvus ossifragus*. サイカチの枝にとまるウオガラス。上がオス，下がメス ▶スズメ目カラス科。全長40～50cm。全身黒いが頸の羽毛の基部だけは灰色。嘴はやや細め。アメリカのニューイングランドからフロリダ半島を経てテキサス州にかけての大西洋岸および河川流域に生息。小型のエビやカニ，浅瀬や浜辺に打ち上げられた魚を主食とするが，ゴミを漁ったり，森へ入って果実なども食べる。群れで暮らし，冬は大集団で塒に帰る。ⓒMatthew Hoelscher

146 American Magpie, *Corvus pica*. ハシグロカササギのつがい，上がオス ▶スズメ目カラス科。全長45～60cmの半分を尾が占める。肩と腹が白いほかは嘴も含め黒い。雨覆から次列風切，尾羽は黒と青緑を基調とした虹色。アラスカ南部からカナダ西部，アメリカ北西部の森林近くの開けた土地に生息。雑食だが，カラス類の中ではとりわけ虫を好んで食べる。大きなドーム状の巣をつくる。20世紀初頭，畑を荒らす害鳥として大量に殺されたが生き延びた。ⓒConnormah

147 White throated Sparrow, *Fringilla pennsylvanica*. ハナミズキの枝にとまるノドジロシトドのつがい。上がメス ▶スズメ目ホオジロ科。全長15～19cm。目先に黄色の斑，喉が白く，嘴は褐色。頭の縦縞は白×黒と黄褐色×黒褐色の2型あり。違う型同士でつがいになる，白黒型のオスの方が繁殖期によく歌い攻撃的である等々，興味深い習性が観察される。カナダ中部とアメリカ北東部で繁殖し冬は南下。混交林の下生えなどにゆるやかな群れで棲み，種子や昆虫を食べる。ⓒCephas

148 Snow Bird, *Fringilla hyemalis*. ブラックガムの木の枝にとまるユキヒメドリのつがい。上がメス ▶スズメ目ホオジロ科。現在の英名Dark-eyed Junco。全長13～17.5cm。頭から胸が灰色，背と翼は灰色か褐色，下面と外側2対の尾羽は白色。地域ごとに多数の亜種があり羽色は多彩。総じてオスはメスより色が濃い。嘴は淡桃色。北米北部の森林で繁殖し冬は南下。地上で種子や昆虫を採餌。美しい声でチリリリとよく歌い，「鳥の言葉」の研究で注目されている。

149 White-crowned Sparrow, *Fringilla leucophrys*. ミヤマシトドのつがい。手前がオス，ヤマブドウの葉陰がメス ▶スズメ目ホオジロ科。全長約18cm。ノドジロシトド（p.147）に似るが，本種は喉が灰色，嘴は黄色で目先の黄斑がない。北米北部で繁殖→アメリカ南部～メキシコで越冬，カリフォルニアで繁殖→留鳥。日本にもアラスカ～カナダで繁殖する亜種（A.gambelii）が迷鳥として渡来。林や藪に棲み種子などを採餌。5亜種および地域ごとの個体群で歌が異なる。ⓒDavid J. Fred

150 Purple Finch, *Fringilla purpurea*. カラマツの枝にとまるムラサキマシコ。赤2羽がオス，茶がメス ▶スズメ目アトリ科。全長約15cm。オスは頭から背が紫というより深紅，メスは焦茶色で過眼線が白，ともに白い下面に同色の斑がある。カナダとアメリカ北東部および太平洋沿岸の針葉樹林や針広混交林に生息。主食は種子や果実，昆虫。アメリカ北東部ではメキシコマシコ（p.153）に駆逐され，ここ数十年は数が減少気味。ニューハンプシャー州の州鳥。ⓒCephas

151　Pine Grosbeak, *Pyrrhula enucleator*. ギンザンマシコ。赤いのが繁殖期のオス，その右上がメス，一番上が初めての冬を迎えた幼鳥　▶スズメ目アトリ科。全長約20cm。ぽってりした体つき，太く短い嘴の先は鉤状。オスは上面が全体に赤紅色で，背と腰は灰色が混じる。メスは頭と上面が明るい鶯色。翼は雌雄とも黒く，たたむと白い条が出る。ユーラシア北部と北米北部・中部に分布。日本の北海道でも少数が繁殖。高山の針葉樹林に棲み，種子や果実を食す。ⓒRon Knight

152　White-winged Crossbill, *Loxia leucoptera*. ハンノキの実を食べるナキイスカ。赤いのがオス，他2羽はメス，下は幼鳥　▶スズメ目アトリ科。全長約15cm。オスは胴が赤色，メスはくすんだ鶯色。翼は三列風切が黒，大・中雨覆の先端が白。上がかぶさる特殊な嘴（crossbill）で堅い松の実などをこじあけ，中の種子を食べる。ユーラシア北部や北米北部（それぞれ別の亜種）の針葉樹林で繁殖し，冬に食料が不足すると南下するものも。日本にも少数が冬に渡来。ⓒJohn Harrison

153　Lazuli Finch, Crimson-necked Bull-Finch, Gray-crowned Linnet, Cow-pen Bird, Evening Grosbeak, Brown Longspur スズメ目の鳥たち　▶［右上から；科，全長最大値］ムネアカルリノジコ㊢：フウキンチョウ科，14cm。メキシコマシコ：アトリ科，15cm。ハイガシラハギマシコ：アトリ科，16cm。コウウチョウ：ムクドリモドキ科，22cm。キビタイシメ：アトリ科，22cm。ハイガシラハギマシコ（アラスカ西部～米西部）を除き，いずれもおよその分布域はカナダ以南北米。ⓒNATURE'S PICS ONLINE

154　Bohemian Chatterer, *Bombycilla garrula*. マメナシの枝にとまるキレンジャクのつがい。上がメス　▶スズメ目レンジャク科。全長19～23cm。上面は胡桃色で腰は灰色，過眼線と喉は黒，翼は墨色。尾の先と初列風切の外弁先端が黄色，白い次列風切の先端に赤い蠟状の物質。ヒメレンジャク（p.155）とよく似るが，より大きく，翼の模様が複雑。北米北西部やユーラシアの針葉樹林で繁殖し，北米中西部やヨーロッパ，東アジアなどで越冬。日本全国にも冬に群れで渡来。ⓒRanden Pederson

155　Cedar Bird, *Bombycilla carolinensis*. エンピツビャクシンの枝にとまるヒメレンジャクのつがい。上がメス　▶スズメ目レンジャク科。全長15～18cm。上面は胡桃色，冠羽あり，過眼線は黒，尾の先端は黄色。墨色の翼の次列風切先端にある小さな赤い蠟状の突起から，現在の英名Cedar Waxwing。キレンジャク（p.154）より小ぶり。北米北部で繁殖し，冬は遠くは中南米まで南下。開けた森林などに群れで生息し，主食はベリー類や昆虫。つがいや仲間同士が食物を嘴で渡しあう習性あり。

156　Prothonotary Warbler, *Sylvia protonotarius*. ツタの蔓にとまるオウゴンアメリカムシクイのつがい。上がオス　▶スズメ目アメリカムシクイ科。全長約14cm。全体に鮮やかな鬱金色，背は黄緑色，翼は薄墨色。メスはオスに比べ色がやや不鮮明。アメリカ東部から南部にかけての湿地帯の森林に分布。冬は中米沿岸や南米北部に渡る。繁殖期には木の洞などにオスが巣を準備してメスを待つ。種小名はカトリック教会の文書係が着用した黄色の僧服にちなむといわれる。ⓒMdf

157　American Redstart, *Muscicapa ruticilla*. アサダの枝で幼虫を狙うハゴロモムシクイのつがい。中央でハチを威嚇するのがオス　▶スズメ目アメリカムシクイ科。全長約13cm。オスは光沢のある藍色の上面，翼と尾羽に山吹色の斑。メスは濃い鶯茶色の上面，翼と尾羽に黄色の斑。アラスカ南部から北米南部に分布。冬は中南米に渡る。川沿いの森林で活発に動きまわり昆虫を捕食。大きな毛虫をくわえてホバリングし，枝に叩きつけてから食べることも。©Dan Pancamo

158　Rathbone Warbler, *Sylvia rathbonia*. ツリガネカズラの葉にとまるキイロアメリカムシクイ。上がオス，下がメス　▶スズメ目アメリカムシクイ科。全長約10cm。全身濃い黄色，胸に茶斑，翼は褐色がかる。メスはやや暗色。アラスカからカナダ，アメリカに30以上の亜種が分布。北の個体は冬に中南米に渡る。甘美な声でさえずる。リバプールの名家ラスボーン家（Rathbone Family）の知遇を得て版画の展示予約販売を行い大成功を収めた作者は，その報恩にこの名をつけた。©Mdf

159　Black-poll Warbler, *Sylvia striata*. オリーヴの枝にとまるズグロアメリカムシクイ。上がメス，下2羽がオス　▶スズメ目アメリカムシクイ科。全長12.5〜15cm。オスは後肢が山吹色，夏羽は頭頂が黒く，頬は白，翼に茶と白の縞。冬羽は全体に鶯色。メスは繁殖期のオスを薄くした外観で，特に頭頂は灰色に近い。アラスカからカナダ，アメリカ北部にかけての森林で繁殖し，秋には南米北部へ向けて海上を2500kmも渡る。3日以上無休で飛ぶものもいる。©Cephas

160　Pine Swamp Warbler, *Sylvia sphagnosa*. ガマズミの枝にとまるノドグロルリアメリカムシクイ。上がオス，下がメス　▶スズメ目アメリカムシクイ科。現在の英名はBlack-throated Blue Warbler。全長約13cm。オスは上面が瑠璃色で顔と喉が黒く，腹が白い。メスは上面が鶯色で腹が淡黄色（作者の見立てと異なり，絵の2羽ともメスと思われる）。雌雄とも嘴の先が細く尖る。北米東部の針広混交林で繁殖し，秋から冬にかけてカリブ海の島々や中米に渡る。

161　Orange-crowned Warbler, *Sylvia celata*. クランベリーの枝にとまるサメズアカアメリカムシクイ。上がメス，下がオス　▶スズメ目アメリカムシクイ科。全長12〜13cm。全身鶯色（西では黄色に近い）で，頭・背・翼は灰色がかる。メスと未熟なオスは全体に色合いが鈍い。オスの頭頂の橙色の斑は通常あまり目立たない。カナダ，アラスカ，アメリカ西部で繁殖し，冬はアメリカ南部や中米に渡る。丈の低い木や茂みで虫や果実，花の蜜を食べる。©Kati Fleming

162　Brown headed Worm eating Warbler, *Sylvia swainsonii*. フロリダツツジの枝にとまるチャカブリアメリカムシクイ　▶スズメ目アメリカムシクイ科。種小名は作者同様博物画に長けたイギリスの鳥類学者W.J.スウェインソンにちなむ。全長12.5〜16cm。上面は緑がかった茶色，頭頂に錆色の斑。雌雄同色。アメリカ南東部の沼沢地で繁殖し，冬は中米などに渡る。画面左下は同科のアオバネアメリカムシクイ属（*Vermivora*）と嘴・趾の形を比較したスケッチ。©Don Faulkner

163 Rose-breasted Grosbeak, *Fringilla ludoviciana*. イチイの実に集まるムネアカイカル。下2羽がオス，左上がメス，中央が未熟なオス，その上がさらに幼いオス　▶スズメ目ショウジョウコウカンチョウ科。全長約20cm。オスは上面と頭が黒で嘴は白，胸にバラ色の斑，下雨覆には淡紅色が差す。メスは褐色の上面に黒の縞，眉斑と鰓は白。カナダ南部からアメリカ北東部で繁殖し，冬は中米や南米北西部に渡る。開けた落葉樹林を好む。主食は昆虫や種子。©John Harrison

164 Cardinal Grosbeak, *Fringilla cardinalis*. アーモンドの枝にとまるショウジョウコウカンチョウのつがい。上がオス　▶スズメ目ショウジョウコウカンチョウ科。全長約21cm。雌雄とも尖った冠羽をもち，オスは全体に朱色，メスは黄土色で翼と尾に朱。アメリカの東半分とメキシコに分布。畑や林のへり，公園などの密な藪の中に生息し，種子や果実，昆虫を食べる。種小名は枢機卿の意で，その朱色の法衣と帽子にちなむ。MLBセントルイス・カージナルスのマスコット。©Sandhillcrane

165 Louisiana Tanager, *Tanagra ludoviciana*. Scarlet Tanager, *Tanagra rubra*. 上2羽はニシフウキンチョウのオス。中央はアカフウキンチョウのオス㊢，下がメス　▶いずれもスズメ目ショウジョウコウカンチョウ科，全長16～18cm。「ニシ」のオスは顔が橙色，黄色の胴に黒い翼。「アカ」のオスは全身緋色で翼と尾は黒。メスは両種似て，鶯色の上面，淡黄色の胴に灰色の翼。北米を前者が西，後者が東に分かれて繁殖し，前者は中米，後者は南米北西部で越冬。©Bmajoros

166 Wood Pewee, *Muscicapa virens*. ヒガシモリタイランチョウのオス，花はツツジ　▶スズメ目タイランチョウ科。全長約15cm。上面は灰褐色，翼の羽縁が白い。興奮すると短い冠羽が逆立つ。嘴は上が褐色で下が黄色。雌雄同色。北米の東半分で繁殖し南米北部で越冬。開けた森林に棲み，主食は昆虫。北米西部で繁殖するニシモリタイランチョウと外見が酷似するが，本種は名の通り「ピーウィー」，西部種は「チチッチチッ，ピィー」等と鳴き声が異なる。©Alejandro Bayer Tamayo

167 White-breasted Black-capped Nuthatch, *Sitta carolinensis*. ムナジロゴジュウカラ。左上と右下がオス，幹と枝にとまるのがメス　▶スズメ目ゴジュウカラ科。全長13～15 cm。体に比して頭が大きく，尾が短い。頭頂から後頭部は黒，顔から胸にかけては白，背は青灰色。9亜種はそれぞれ羽毛の色がやや異なる。カナダ南部からメキシコ南部までの落葉樹林・針広混交林や果樹園，公園などに生息。留鳥。主に夏の間は昆虫，冬は種子を食べる。© naturespicsonline.com

168 Fork-tailed Flycatcher, *Muscicapa savana*. ツバキの枝にとまるズグロエンビタイランチョウのオス　▶スズメ目タイランチョウ科。オス全長37～41cm，メス28～30cm。頭が黒く，背は青灰色，下面は白い。オスはときに全長の半分以上を占める長さの尾をもち，その先端は燕尾服の裾のように割れている。メスの尾は短い。メキシコ中部からアルゼンチン中部にかけて繁殖し，広範に放浪。主食は昆虫。北米では主にカナダやアメリカ東部沿岸で観察される。©Rogier Klappe

169 Arkansaw Flycatcher, Swallow-Tailed Flycatcher, Says Flycatcher 上2羽はチャイロツキヒメハエトリのつがい。中央と右下はニシタイランチョウのつがい。左下はエンビタイランチョウのオス㊢ ▶いずれもスズメ目タイランチョウ科。「チャイロ」は全長約19cm，アラスカ～カナダ西部とアメリカ北西部で繁殖。「ニシ」は約22cm，北米西部で繁殖。長い尾の先が割れている「エンビ」は約40cm，アメリカ中部で繁殖。いずれも昆虫を主食とし，冬は中米に渡る。

170 White-eyed Flycatcher or Vireo, *Vireo noveboracensis*. センダンの花に糸をかけたクモを狙うメジロモズモドキのオス ▶スズメ目モズモドキ科。全長13～15cm。上面は灰緑色で顔上部は黄色，目が黒く縁どられ，虹彩は白。嘴は太く短く，先端がやや鉤状。アメリカ東部・南東部および中米に分布。北米で繁殖した個体の多くは中米で越冬。森林や藪の中に棲み，昆虫を主食とし，繁殖期には毛虫・芋虫を多く食べる。澄んだ声でよく歌う。ⓒAndy Reago & Chrissy McClarren

171 Red-eyed Vireo, *Vireo olivaceus*. サイカチの枝でクモを狙うアカメモズモドキのオス ▶スズメ目モズモドキ科。全長13～15cm。頭頂が青灰色，白い眉斑，名の通り赤い虹彩が特徴（幼鳥は茶色）。カナダから北米，南米にかけて分布。北方の森林で繁殖したものは，冬はキューバや南米中部に渡る。南米熱帯で繁殖した個体は留鳥となる。主食は昆虫や果実。北米東部では最も一般的な鳥の一種。美しい声で自問自答のようなさまざまなフレーズを歌い分ける。ⓒCephas

172 Purple Grakle, or Common Crow Blackbird, *Quiscalus versicolor*. トウモロコシの実をついばむオオクロムクドリモドキのつがい。上がメス ▶スズメ目ムクドリモドキ科。全長約32cm。北米東部から中部にかけてごく一般的に見られる。雌雄ともベースの体色は黒で，オスは紫がかった金属光沢を帯び，メスはやや小柄で地味な羽色。オスはきしむような声で鳴く。北部で繁殖した個体は越冬のため南部フロリダへ大群で渡り，穀物などの畑を荒らすことがままある。ⓒVkulikov

173 Boat-tailed Grackle, *Quiscalus major*. ライブオークの枝にとまるフナオクロムクドリモドキのつがい。上がメス ▶スズメ目ムクドリモドキ科。全長37～43cm。名の通りオスは小舟のような形の長い尾をもつ。メスの尾はオスより短い。オスは全身光沢のある青みがかった黒，メスは茶褐色。アメリカ東部から南部にかけての沿岸地域に生息。海岸近くの浅瀬や湿地で水生昆虫やザリガニ，エビ，貝などを採餌。近年分布域が北に拡大しつつある。ⓒConnie Denyes

174 Ruby-throated Humming Bird, *Trochilus colubris*. アメリカノウゼンカズラの花の蜜を吸うノドアカハチドリ。喉が赤いのがオスで白いのがメス，左下に固まる3羽は幼鳥 ▶アマツバメ目ハチドリ科。全長7～9cm。上面は緑がかったブロンズ色，下面は淡灰色，オスは喉に朱赤の斑。カナダ南部～アメリカ東部で繁殖し，フロリダや中米で越冬。開けた森や人家の庭，公園に棲み，1秒間に50回以上の羽ばたきでホバリングし花の蜜を吸う。小さな虫やクモ類も食べる。ⓒJMSchneid

175　Columbian Humming Bird, *Trochilus anna*. 芙蓉の蜜に集まるアンナハチドリ。巣の上にいるのがメス　▶アマツバメ目ハチドリ科。全長約10cm。背が光沢のある緑色で羽が鱗状を呈し，オスの頭部は紅色。カナダからメキシコにかけての北米西海岸に分布。オスは金属が擦れ合うような音で歌う。子育てはメスだけが行う。フランスの鳥類学者R.P.レッソンが，12,000以上もの鳥の標本を蒐集したアマチュア鳥類学者リヴォリ公マセナに敬意を表し，その夫人の名を種小名とした。

176-177　Black-billed Cuckoo, *Coccyzus erythrophthalmus*. タイサンボクの枝で虫を追うハシグロカッコウのつがい。右がオス　▶カッコウ目カッコウ科。全長28～32cm。上面は褐色，喉から下が白く，目の周りが赤い。長い尾羽の先端に白が差す。ロッキー山脈以東の北米中部で繁殖し，南米北西部で冬を越す。森林の奥深くや果樹園の茂みに棲み，主に毛虫や昆虫を食べる。カッコウ科の中では例外的に，必ずしも托卵せず，自ら営巣・育雛することが多い。Ⓒ Andy Reago & Chrissy McClarren

178　Pileated Woodpecker, *Picus pileatus*. 葡萄の木に集合したエボシクマゲラの一家。上が母，真ん中が父，下枝の2羽が息子　▶キツツキ目キツツキ科。全長約42cm，真っ赤な烏帽子のような冠羽，頬線と翼内側の雨覆は白色。カナダ，アメリカ東部・南部に分布。大木の多い森林に好んで棲み，主食は昆虫。春に卵が孵ると，雛は26～28日間養われていったん巣立つが，初秋まではしばしば親元に戻りともに過ごす。アメリカでは18～19世紀の森林伐採で数が激減したが，20世紀に回復。

179　Downy Woodpecker, *Picus pubescens*. ツリガネカズラの枝にとまるセジロコゲラのつがい。上がオス　▶キツツキ目キツツキ科。全長15～17cm。絵の通り上面に黒白の斑模様があり，オスのみ後頭部に鮮やかな赤が差す。カナダ南部とアメリカに分布。北米最小のキツツキ。体色や斑の形態が地域で若干異なる。耕地や果樹園，人家などの庭に現れ，町中では人慣れするものも多い。虫のほか果実や種子も食す。作者の評は「キツツキ科の中で最も頑強で活力旺盛」。Ⓒ Peter de Wit

180　Three-toed Woodpecker, *Picus tridactylus*. セグロミユビゲラ。頭頂の黄色い2羽がオス，黒いのがメス　▶キツツキ目キツツキ科。全長約24cm。上面が黒く，オスは頭頂に黄色の斑あり。キツツキ科の後肢は前2本・後ろ2本の対趾足だが，この仲間は後ろが1本だけなので「ミユビ」。カナダとアメリカ西部・北部の針葉樹林に生息し，北方の個体は冬に南下することもある。主食は甲虫。近年の研究でユーラシア大陸のミユビゲラとは別種とされた。Ⓒ U. S. Fish and Wildlife Service

181　Hairy Woodpecker, Red-bellied～, Red-shafted～, Lewis'～, Red-breasted～　▶［左上から；全長，分布域，特徴］セジロアカゲラ：18～26cm，北中米，p.179と似るがより大きく嘴が長い。シマセゲラ：23～27cm，カナダ南部～アメリカ東・中部，頭が赤く背に黒白の縞。ハシボソキツツキ：約32cm，北米～メキシコ，胸に三日月型の黒斑。ルイスキツツキ：25～28cm，アメリカ西・中部，飛行が得意。ムネアカシルスイキツツキ㊢：19cm，北米西部沿岸，樹液を吸う。

人　と　作　品

❖革命期に生まれて

作者オーデュボンは大革命まぢかの1785年4月26日，カリブ海仏領サン＝ドマング（現ハイチ共和国）に，羽ぶりのいい商船長とその愛人（ともにフランス人）の庶子として生まれた。母は産後すぐ亡くなり，父は母国に去る。

6歳のとき，大革命の波がカリブ海にも達し，黒人奴隷が蜂起する（ハイチ革命）。この地に農園と奴隷を所有する父は即座に庶子をフランスによびよせ，以後ナント西郊クエロンの屋敷で正妻に養育させた。9歳で正式な養子となる。

ここでの豊かな少年期は決定的だった。生来目が滅法よく，頑健闊達，野山を歩き鳥を観察し絵に描くことに熱中した。後年，当時新古典主義の領袖ダヴィッドに師事したと騙るのは，原点の光景への点睛のようなものか。

1803年（18歳），ナポレオン戦争をさけて渡米。フィラデルフィア付近の父の地

原作番号120「ツキヒメハエトリ」。スズメ目タイランチョウ科

所に住み，読書と狩猟と鳥の観察にあけくれる。このころツキヒメハエトリの後肢に目印のひもを巻いて生殖行動を観察したのが，北米初の鳥類標識調査といわれる。

その後ケンタッキーにうつり，友とよろずやをいとなむかたわら鳥を描きつづけた。23歳で結婚，アメリカの市民権をえて，2人の息子をもうける（娘2人は夭逝）。商売も順調でかなりの儲けをだした。増長して投機に失敗，34歳で破産，無一文となる。

❖英国経由でのしあがる

悩みぬいたすえ，北米の野鳥を描きつくし，それを下絵に銅版画を刷って売ろうと決意。似顔絵描きなどで生活費をかせぎつつ，5年ごしで出版元をさがすも惨敗。国内をあきらめ，1826年作品の一部を手に渡英，最終的にロンドンの名高い版元ハヴェル家と契約にいたる。英仏各地で絵の展示会を開催，セット予価1000ドルで予約をつのったところ大盛況で一躍時の人となる。29年に一時帰国したおりは，欧州で名をあげた画家としてもてはやされた。

綿密な観察にもとづき，鳥たちのときに切迫した，ときに安逸な一瞬の表情をリアルに色彩豊かにしかも実物大で描いた版画は，斬新で完成度の高い室内装飾として富裕層を中心に人気を博した。予約者には英仏国王をはじめ内外の貴族や政治家が名をつらねる。版画は1827～38年にかけて印刷され，下絵をもとに彩色工が水彩で色をつけ，いまでいう分冊百科方式で発行された。予約者の手もとには1～2か月に1度，小鳥3点，中型・大型の鳥各1点，計5点の版画がとどき，最終的に87回・計435点で『アメリカの鳥類』が完結。破産から19年がたっていた。

❖自然の守護聖人

成功後も野心と活力は尽きず，版画制作を監督しながら鳥を追って各地を旅し，スコットランドの科学者W・マクギリヴレイの助力で大部な解説編『鳥類の生態』（全5巻，1831～39）を刊行し，旧知の博物学者J・バックマンと『北米の哺乳動物』（全4巻，1845～48）を共同執筆する。だがさしもの偉丈夫も老衰には勝てず，1851年1月27日，65歳で永眠。2年後，本作がアメリカの国力の象徴として，黒船で日本につたわった。

狩りが好きで，食用・標本用に数多の鳥を殺したが，そのたび頭を垂れ，乱獲・乱開発を戒めた。1896年，その志をつぐ人びとがマサチューセッツで水鳥の保護活動をはじめる。これを母体として1940年，かれの遺産継承と鳥類の生息環境保全を目的とする全米オーデュボン協会が発足。日本ではその6年前に日本野鳥の会が設立されている。オーデュボンの懸念どおり，北米の野鳥は1970年代以降だけで約30億羽，全体の3割も減少した（『サイエンス』2019年9月19日）。その主因は人類であり，しっぺ返しはとうにはじまっている。

❖希少な初版本

39.5インチ×28.5インチ（ダブル・エレファント・フォリオ）の特注紙に刷られた『アメリカの鳥類』初版は約200セット，うち約120セットのみ現存，所蔵機関もかぎられる（本書はそのひとつピッツバーグ大学のデジタルファイルから複製）。日本では明星大学図書館が１セットを所蔵する（非公開）。2018年にはクリスティーズ主催オークションで過去最高額10.6億円で落札され話題をよんだ。同年公開の映画『アメリカン・アニマルズ』は，2004年に４人の学生が大学図書館から初版を盗みだそうとした実話にもとづく。2014年には雄松堂書店が世界初のデジタル画像処理ファクシミリ版を刊行した。入手可能な全点収録大判画集（9×6インチ）としてWelcome Rain版がある。

【参考資料】

全米オーデュボン協会ウェブサイト（www.audubon.org/birds-of-america）

C・ルーアク／大西直樹訳『オーデュボン伝』平凡社，1993年

S・R・サンダース編／西郷容子訳『オーデュボンの自然誌』宝島社，1994年

J・デビース文，M・スウィート画／樋口広芳監修・小野原千鶴訳『鳥に魅せられた少年』小峰書店，2010年

明星大学図書館所蔵の初版，マネシツグミ（p.40）のページ

オーデュボンの鳥
『アメリカの鳥類』セレクション

2020年4月15日初版第1刷発行

著　者――ジョン・ジェームズ・オーデュボン
発行者――武市一幸
発行所――株式会社新評論
〒169-0051 東京都新宿区西早稲田3-16-28
TEL：03（3202）7391　FAX：03（3202）5832
振替：00160 1 113487
http://www.shinhyoron.co.jp

ブックデザイン――山田英春
印刷――理想社　製本――中永製本所

 ISBN978-4-7948-1138-7　Printed in Japan